鄱阳湖流域
主要水体藻类分布与防控

戴国飞　胡建民　杨平　邓春晖　宋立荣　李守淳 等　编著

中国水利水电出版社
www.waterpub.com.cn
·北京·

内 容 提 要

本书系统介绍了 2014—2017 年鄱阳湖流域主要河流湖库的藻类分布和蓝藻水华风险，详细论述了鄱阳湖湖区的蓝藻分布现状和暴发风险，总结了蓝藻水华控制和蓝藻毒素去除的技术手段和方法，并重点介绍了去除蓝藻水华的改性红壤法及其实践应用情况，探讨了凝胶离子材料和改性活性炭在蓝藻毒素去除中的初步效果。

本书可供从事水环境保护与修复研究的专家学者参考，也可供相关专业的高校师生阅读。

图书在版编目（ＣＩＰ）数据

鄱阳湖流域主要水体藻类分布与防控 / 戴国飞等编著. -- 北京：中国水利水电出版社，2020.9
ISBN 978-7-5170-8944-5

Ⅰ. ①鄱… Ⅱ. ①戴… Ⅲ. ①鄱阳湖－流域－藻类－分布②鄱阳湖－流域－藻类－防治 Ⅳ. ①Q949.2

中国版本图书馆CIP数据核字(2020)第191024号

书　　名	鄱阳湖流域主要水体藻类分布与防控 POYANG HU LIUYU ZHUYAO SHUITI ZAOLEI FENBU YU FANGKONG	
作　　者	戴国飞　胡建民　杨平　邓春晖　宋立荣　李守淳　等编著	
出版发行	中国水利水电出版社 （北京市海淀区玉渊潭南路 1 号 D 座　100038） 网址：www. waterpub. com. cn E - mail：sales@waterpub. com. cn 电话：(010) 68367658（营销中心）	
经　　售	北京科水图书销售中心（零售） 电话：(010) 88383994、63202643、68545874 全国各地新华书店和相关出版物销售网点	
排　　版	中国水利水电出版社微机排版中心	
印　　刷	清淞永业（天津）印刷有限公司	
规　　格	170mm×240mm　16 开本　10.75 印张　211 千字	
版　　次	2020 年 9 月第 1 版　2020 年 9 月第 1 次印刷	
印　　数	0001—1000 册	
定　　价	**80.00 元**	

鄱阳湖为我国最大的淡水湖，是一个过水型、吞吐型、季节性的湖泊，其丰水期与枯水期的面积和容量相差悬殊，造就了"丰水一大片，枯水一条线"的奇特景观。随着鄱阳湖流域人口的增长、工业化和城市化进程的加快，特别是近年来水产养殖业、矿产业、采砂业及沿湖工业和城镇化的快速发展，其湖区生态环境形势总体日益严峻，目前局部范围内已发生轻度富营养化甚至新型复合环境污染问题。近几年，围网、围堤以及底栖螺类大规模机械化、产业化捕捞等人为活动，使局部区域生境破碎和生物栖息地减少，湖泊生态系统失衡，湖区出现蓝藻水华。湖泊生态功能退化和富营养化藻类水华的发生严重影响当地百姓的生产、生活甚至用水安全，湖泊生态安全问题已成为制约区域社会经济可持续发展的重要因素之一。

鄱阳湖流域内河流湖库特别是鄱阳湖湖区的水体富营养化与蓝藻水华问题越来越受到社会各界的广泛关注，因其已对周边居民用水安全构成一定威胁，而成为该区域亟须解决的重大问题之一。如何保障鄱阳湖及其周边水体的"一湖清水"成为当前迫切需要研究解决的问题。富营养化水体水生态系统平衡遭到破坏的成因复杂，且污染源多、治理难度大、周期长，依靠单一的治理措施很难实现水体的恢复。因此以恢复水体生态系统平衡为最终目标，因地制宜地采取适合各个水体的综合防治措施是十分必要的。

本书系统介绍了2014—2017年鄱阳湖流域主要河流湖库的藻类分布和蓝藻水华风险，详细论述了鄱阳湖湖区的蓝藻分布现状和暴发风险，总结了蓝藻水华控制和蓝藻毒素去除的技术手段和方法，并重点介绍了去除蓝藻水华的改性红壤法及其实践应用情况，探讨了改性活性炭技术和凝胶离子材料在蓝藻毒素去除中的初步效果。

本书共7章：第1章主要介绍藻类、蓝藻及鄱阳湖流域相关的必要知识，如蓝藻的结构和生长暴发的主要因子，以及本书采用的主要调查研究方法，由戴国飞、胡建民撰写；第2章主要介绍鄱阳湖流域大型湖库藻类现状与水华风险，由杨平、戴国飞撰写；第3章主要介绍鄱阳湖主要入湖河流藻类现状与水华风险，重点是鄱阳湖五大支流和主要入湖河流的水质与藻类情况，由杨平、方媛瑗撰写；第4章选取鄱阳湖主湖区和边缘水体进行调查，主要是了解和掌握主湖区及边缘水体藻类现状与水华风险，由杨平、李守淳、虞功亮、李仁辉撰写；第5章采用室内研究、生态模拟实验并结合鄱阳湖野外生态调查的补充验证，研究重金属污染下鄱阳湖蓝藻毒素环境迁移规律，旨在阐明蓝藻毒素水环境迁移中重金属污染物的影响机制与作用过程，由戴国飞、胡建民、邓春晖撰写；第6章总结蓝藻水华控制的主要技术手段和方法，并重点介绍去除蓝藻水华的改性红壤法及其具体实践应用情况，由戴国飞、甘南琴、邓春晖撰写；第7章重点介绍常见的蓝藻毒素去除方法，并探讨改性活性炭技术和凝胶离子材料在蓝藻毒素去除中的初步效果，由戴国飞、宋立荣、邓春晖撰写。全书由戴国飞、胡建民、杨平统稿。

本书的撰写得到了江西省水利科学研究院领导和同事的大力支持，在此表示感谢，同时也感谢中国水利水电出版社的编校人员为本书出版付出的辛勤劳动。

由于作者能力和精力有限，特别是在野外调查中人力与物力资源较欠缺，书中的一些数据可能存在不当之处，仅供读者研究和参考使用，具体以权威部门发布的公开数据为准，敬请读者批评指正。

作者

2019 年 12 月

目 录

第1章

绪　　论

1.1　藻类的基本特征

　　藻类是一类低等植物。有的藻类具有叶绿素，能进行放氧的光合作用；植物体没有真正的根、茎、叶的分化；生殖器官是单细胞的，用单细胞的孢子或合子进行繁殖，绝大多数生长在水中。有的藻类无叶绿素，不能进行光合作用，或者在无光的条件下失去色素，营异养生活，但是它们的储藏物质是淀粉或副淀粉或油，与同类藻类相同（胡鸿钧等，2006）。淡水藻类类群通常分属于13个门：蓝藻门、绿藻门、硅藻门、裸藻门、金藻门、甲藻门、黄藻门、隐藻门、原绿藻门、灰色藻门、红藻门、定鞭藻门、褐藻门。在淡水生态系统中，常见的门类一般为前8个门，其他门类的藻类在淡水中极少，而且通常不是浮游种类。

　　除原核类型外，所有的真核藻类都有色素体。色素体形态虽然多种多样，但其超微结构基本上由两部分组成，即被膜和类囊体。无论是原核的蓝藻、原绿藻，还是真核的其他类型藻类，其光合色素系统中都含有叶绿素 a，与高等植物一样都是光合放氧的，而辅助色素（如胡萝卜素和叶黄素），依门类的不同，不仅种类千差万别，而且性质相同的成分数量也有多寡的区别。藻类的储藏物质因光合色素组成不一样其化学性质有明显的差别。

1.2　蓝藻和蓝藻水华

　　蓝藻（Cyanobacteria）为兼性光能自养型原核生物，又称蓝细菌。蓝藻能适应多种环境，在海洋、淡水、高山、冰雪甚至85℃温泉中均可生存。已定名的蓝藻大约有2000种，广泛分布于世界各地，但主要还是分布在淡水中。有些蓝藻能和真菌、苔藓、蕨类、裸子植物等共生。藻类中蓝藻的繁殖方式是最简单的，可分为两种：一种是营养繁殖，包括细胞分裂（即裂殖）、群体破裂和丝状体生成藻殖段等方式;另一种是一些蓝藻产生外生孢子或内生孢子实现无性繁殖。

近年来,人类活动导致的蓝藻水华逐渐引起人们的关注。富营养化是指由于湖泊水库接纳过量的氮磷等营养物质,引起藻类及其他的水生植物过度繁殖,水体透明度、溶解氧等发生剧变,导致水质恶化,水生高等植物逐渐消失,鱼类死亡,同时生物多样性下降、湖泊生态系统结构及功能受损。2009年我国重点监控的 26 个湖泊(水库)中,有 1 个水质达到Ⅱ类,占 3.9%;5个水质达到Ⅲ类,占 19.2%;6 个水质为Ⅳ类,占 23.1%;5 个水质为Ⅴ类,占 19.2%;多达 9 个水质为劣Ⅴ类,占 34.6%,总氮和总磷是其中主要污染物。在这些湖泊中,共有 11 个处于富营养化状态,占 42.3%;1 个为重度富营养化,占 3.8%;2 个为中度富营养化,占 7.7%;8 个为轻度富营养化,占 30.8%。

学者普遍接受将蓝藻分为颤藻目(Oscillatoriales)、真枝藻目(Stigonematales)、色球藻目(Chroococcales)和念珠藻目(Nostocales)。已知蓝藻大概有 150 属,约 2000 种,我国有记录的约有 900 种。蓝藻遍布于世界各地,多数是淡水种,分别属于微囊藻属(Microcystis)、色球藻属(Chroococcus)、颤藻属(Oscillatoria)、拟柱孢藻属(Cylindrospermopsis)、鱼腥藻属(Anabaena)、念珠藻属(Nostoc)以及束丝藻属(Aphanizomenon)等。已报道可以形成水华的有几十个属的上百种蓝藻,蓝藻水华的形成与蓝藻门 40 个属有关,其中最常见的类型有微囊藻、浮丝藻、束丝藻、鱼腥藻、节球藻等。

1.2.1 蓝藻的生理特性

1.2.1.1 光合系统

蓝藻是单细胞原核生物,不含典型叶绿体,与绿藻等真核藻类有明显不同。蓝藻的光合作用主要发生在细胞器类囊体膜上,光反应和电子传递也多在该处。蓝藻膜上含有进行光合作用所必需的多种蛋白体:光系统Ⅱ(photosystem Ⅱ,PS Ⅱ)主要分布在类囊体膜的垛堞区;光系统 Ⅰ(photosystem Ⅰ,PS Ⅰ)和 ATP 合成酶则主要在类囊体的非垛堞区(肖艳,2011)。蓝藻类囊体含有 3 种主要的光合色素:叶绿素、类胡萝卜素及藻胆素。叶绿素和大部分类胡萝卜素均与蛋白质结合在一起,因此被称为捕光色素蛋白复合体。

1.2.1.2 CO$_2$浓缩机制

蓝藻在漫长进化过程中产生多种生理特征,使其从周围环境中获得的无机碳主动运输到细胞内,并在细胞内积累浓缩,最终提高细胞内 CO$_2$ 浓度以满足光合作用的需要，这一现象被称为"CO_2 浓缩机制"。CO_2 浓缩机制的运行，提高了蓝藻对 CO_2 的亲和力，降低了光呼吸，降低了 CO_2 补偿点，因而获得了与陆生 C_4 植物类似的功能（肖艳，2011）。蓝藻 CO_2 浓缩机制的基本功能区是：①功能中心，它是由 Rubisco 加氧酶和碳酸酐酶（carbonic anhydrase，CA）组成的蛋白结构羧体（carboxysome）；②无机碳的运输系统，由位于质膜和类囊体膜上的各种对无机碳（Ci）高、低亲和的转运泵组成，其功能是将外界 CO_2 和 HCO_3^- 转运到胞质中形成底物 HCO_3^-。许多蓝藻通过改变转运泵的组成，使得自身在无机碳限制条件下提高对无机碳的亲和能力来完成光合作用（见图1.1）（Badger et al.，2003）。

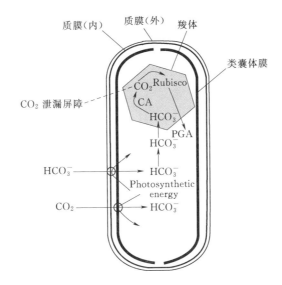

图 1.1　蓝藻的 CO_2 浓缩机制模型示意图

Photosynthetic energy—光合能；PGA—三碳化合物；CA—碳酸酐酶；
Rubisco—核酮糖–1,5–二磷酸羧化酶/加氧酶

　　蓝藻 CO_2 浓缩机制在水生生态系统中具有独特的生理生态学意义，它提高了 Rubisco 羧化位点的 CO_2 浓度，减少了 O_2 对 Rubisco 的竞争抑制，减少了光呼吸；提高了蓝藻细胞对营养物质的利用效率；提高了细胞对外源无机碳的亲和力，减少了在高光强下光对细胞的抑制损伤。此外，蓝藻 CO_2 浓缩机制在水华形成和保持的过程中也起了积极的作用。

1.2.1.3　伪空胞浮力调节

　　含有气体的气囊最早在形成水华的蓝藻中被发现，气囊的结构具有显著的折光特征，在光学显微镜下略带红色。1965 年 Bowen 和 Jensen 运用超薄切片技术直接证实了这些气囊是由众多圆柱形的气泡叠加而成的，于是将这些气泡

命名为伪空胞（Bowen et al.，1965）。蓝藻生物量增加和上浮是水华形成的关键，很大程度上取决于伪空胞和群体的功能。伪空胞是蓝藻细胞内部的一种特殊结构，可调节细胞自身在水体中的浮力，使细胞在水层中发生垂直迁移，这种活动具有一定的昼夜节律性和季节节律性。伪空胞在微囊藻自身浮力调节的功能上具有重要的意义，它对微囊藻休眠体的复苏、细胞上升和水华的形成起到重要作用。

1.2.2 常见蓝藻水华种类及其产毒特性

我国淡水水体中比较常见的水华蓝藻种类主要有微囊藻、束丝藻、鱼腥藻、节球藻、拟柱孢藻、颤藻、念珠藻和浮丝藻等，各种藻类的水华形态和产毒特性也各异。

1.2.2.1 微囊藻

微囊藻是最常见的蓝藻水华种类之一，微囊藻在野外一般以群体形式出现，群体尺寸从微小型到大型分布，形态一般有球形、椭圆形、不规则分叶状（或长带状）及不规则树枝状，可自由漂浮（虞功亮等，2007）。微囊藻细胞常松散（或紧密）地排列在同一个胶被中，胶被一般呈无色或微黄绿色，部分微囊藻胶被表面常带有明显的折光，并有一定溶解性，外形坚固，有的仅有模糊薄层，胶被紧贴或不紧贴微囊藻细胞。微囊藻细胞呈球形或近球形（分裂时为半球形），微囊藻单个细胞并不具备胶被结构，且内含气囊。藻细胞以二分裂形式进行繁殖，此时微囊藻群体瓦解，一般以小的细胞群或独立的单个细胞形式存在。在我国滇池微囊藻水华中常见的微囊藻有铜绿微囊藻（Microcystis aeruginosa）、惠氏微囊藻（Microcystis wesenbergii）、水华微囊藻（Microcystis flos - aquae）、绿色微囊藻（Microcystis viridis）和鱼害微囊藻（Microcystis ichthyoblabe）等，几种典型群体性水华微囊藻样图见图 1.2。

微囊藻常见的产毒种类有微囊藻毒素（Microcystin）、鱼腥藻毒素（Ana-toxin，ANTX）等，微囊藻毒素的化学结构见图 1.3。

1.2.2.2 束丝藻

束丝藻水华与微囊藻水华的季节性更替，是我国滇池水华独特的一个现象，我国淡水水体较常见的有水华束丝藻（Aphanizomenon flos - aquae），其形态特征为：藻丝一般比较直或稍有弯曲，藻丝侧面相连成束状群体；藻丝中部细胞呈短柱形或方形；藻体有明显的伪空胞结构；末端细胞尖细，延长成无色细胞；胶鞘模糊不清；异形胞间生呈各种形状，如圆柱形、近球形、椭圆形。此外吴忠兴等（2009）也报道了两株新的束丝藻——柔细束丝藻（Apha-nizomenon gracile）和依沙束丝藻（Aphanizomenon issatschenkoi）。

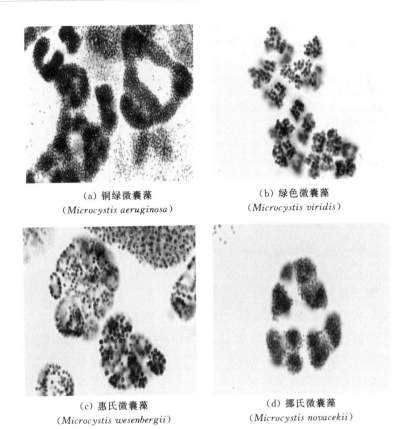

（a）铜绿微囊藻
（*Microcystis aeruginosa*）

（b）绿色微囊藻
（*Microcystis viridis*）

（c）惠氏微囊藻
（*Microcystis wesenbergii*）

（d）挪氏微囊藻
（*Microcystis novacekii*）

图 1.2　几种典型群体性水华微囊藻样图

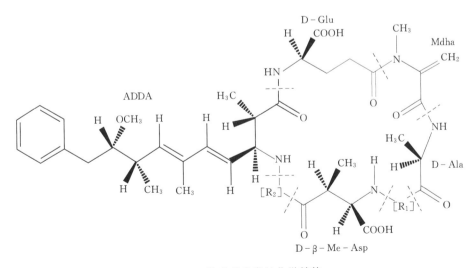

图 1.3　微囊藻毒素的化学结构

束丝藻产的毒素有石房蛤毒素（Saxitoxin）（图 1.4）、鱼腥藻毒素（Ana-toxin - a）和拟柱孢藻毒素（Cylindrospermopsin）等（Ballot et al.，2010）。

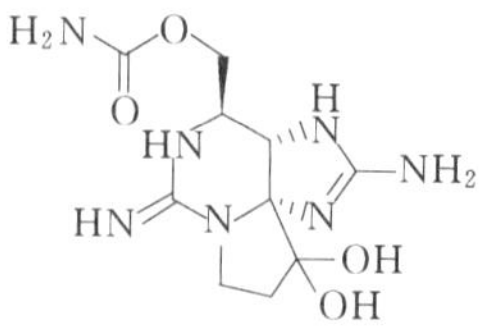

石房蛤毒素是一种四氢嘌呤生物碱类神经毒素，分子式为 $C_{10}H_{17}N_7O_4$，相对分子质量为 299Da，具有相当大的神经毒性。石房蛤毒素毒性机制为：其作用于神经突触的前膜，通过与膜表面毒素受体的结合，阻断了突触后膜的 Na^+ 通道，持续性去极化作用由此而形成，从而特异性地干扰了神经肌肉的传导过程，使神经随意肌松弛麻痹，进而导致一系列的中毒症状。

图 1.4　石房蛤毒素的
化学结构

石房蛤毒素在非常低的浓度下（3×10^{-7} mol/L）即可阻断 Na^+ 通道。石房蛤毒素属于胍类毒素，其活性部位为胍基，胍基与细胞膜上的 Na^+ 通道位点上的氨基酸残基之间具有高度的亲和性。通过选择性阻断 Na^+ 内流，进而阻碍生物体动作电位形成。

1.2.2.3　鱼腥藻

鱼腥藻（图 1.5）隶属蓝藻门（Cyanophyta）念珠藻目（Nostocales），很多鱼腥藻可通过光合作用和固氮作用高效利用碳、氮，从而达到快速生长的目的。比较常见的水华鱼腥藻（*Anabaena flos - aquae*）是造成蓝藻水华的主要种类之一。

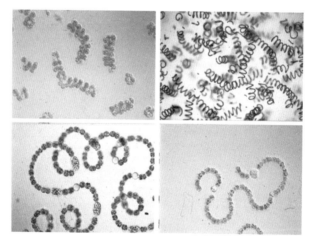

图 1.5　鱼腥藻
（中国科学院水生生物研究所淡水藻种库提供样图）

鱼腥藻产的毒素种类较多，主要有微囊藻毒素、鱼腥藻毒素 - a（Anatoxin - a）（图 1.6）、石房蛤毒素（Saxitoxin）、拟柱孢藻毒素（Cylindrospermopsin）等（Rapala et al.，1998），其中鱼腥藻毒素 - a 是最为常见且是在鱼腥藻内含量最高的一种毒素。鱼腥藻毒素-a有急速致死因子之称。1977 年，Devlin 用水华鱼腥藻 NRC-44-1 分离出了鱼腥藻毒素-a，并证明它是一种神经毒碱，鱼腥藻毒素-a 相对分子质量为 166 Da (Devlin et al.，1977)。鱼腥藻毒素-a 是一种毒性剧烈的生物碱神经毒素，它对老鼠的半致死量 LD_{50} (ip. mouse) 约为 $200\mu g/kg$。鱼腥藻毒素-a 具有很强的神经肌肉去极化阻断作用，是一种强力的后

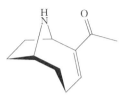

图 1.6　鱼腥藻毒素-a 的化学结构

突触去极化神经肌肉阻断剂。动物中了鱼腥藻毒素-a 毒后会出现肌肉抽搐、角弓反张、呼吸肌痉挛及流涎等症状（鸟类），到目前为止，还没有合适的解毒剂可以对鱼腥藻毒素-a 进行解毒。鱼腥藻毒素-a 分子结构具有半刚性，极似乙酰胆碱，但不能被真核生物种的乙酰胆碱酯酶及其他催化酶催化降解，因而活性高，毒性大。鱼腥藻毒素-a 神经毒素并不稳定，半衰期较短，在强光和高 pH 条件下，可迅速降解为无毒，此外，已经有非常多的技术可以快速降解去除鱼腥藻毒素-a (Afzal et al.，2010)。

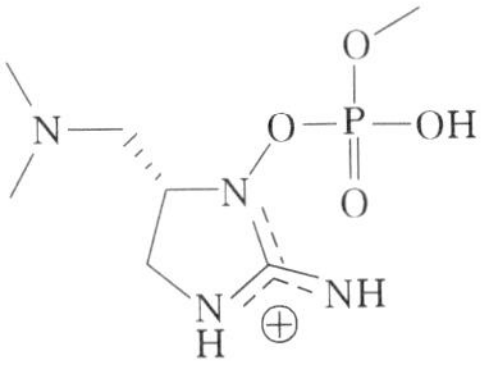

图 1.7　鱼腥藻毒素-a (s) 的化学结构

鱼腥藻毒素-a (s)（图 1.7）是一类含磷的神经毒素，相对分子质量为 252Da，最早是从水华鱼腥藻 NRC525-17 中分离到的。通过二维核磁共振测定得知，鱼腥藻毒素-a (s) 分子结构中存在 S 构型的手性碳原子，鱼腥藻毒素-a (s) 极性较强，易溶于水等极性溶剂，但在碱性条件下不稳定。同鱼腥藻毒素-a 相似，鱼腥藻毒素-a (s) 也是生物碱类物质，具有与鱼腥藻毒素-a 类似的功能，可影响乙酰胆碱的释放，从而使得动物的神经肌肉过度兴奋进而痉挛，最后动物因呼吸受限窒息死亡。毒素专一性地作用于外周神经系统，而不抑制中枢神经系统，因而死亡过程缓慢。鱼腥藻毒素-a (s) 的 LD_{50} (ip. mouse) 大概在 $20\sim30\mu g/kg$，毒性几乎是鱼腥藻毒素-a 的 10 倍。但是有报道显示高浓度的解磷定（2-PAM）、双解磷（TMB₄）能使被鱼腥藻毒素-a (s) 抑制的酶有效恢复，从而基本达到解毒目的 (Hyde et al.，1991)。

1.2.2.4　节球藻和拟柱孢藻等

节球藻和拟柱孢藻这两种藻也是蓝藻水华中常见的有害藻类。节球藻会产节球藻毒素（Nodularin）（图 1.8），该毒素是一种环状五肽肝毒素，相对分子质量为 824Da。节球藻毒素的毒性比较强，LD_{50} (ip. mouse) 为 $30\sim50\mu g/kg$。人体直接接触含节球藻毒素的水，如在受污染湖泊、河流中进行游泳等娱乐活动，会导致皮肤和眼睛过敏，发烧及急性胃肠炎；经常暴露于含有毒素的水

体，则会引起皮肤癌、肝炎甚至肝癌。节球藻毒素的靶器官为肝脏，是极强的促肿瘤剂，其对人类健康的危害正日益受到世界环境领域工作者的关注。

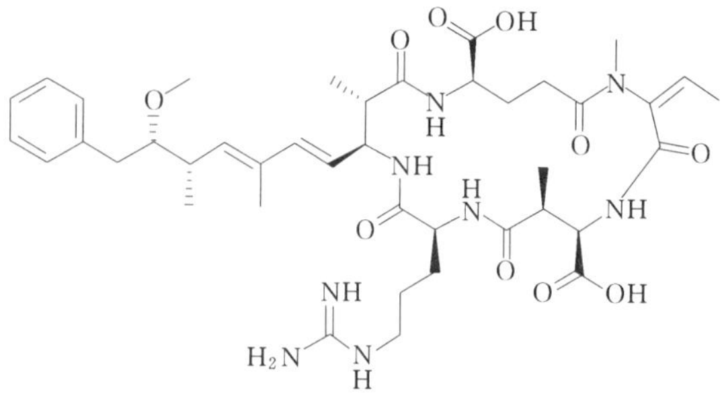

图 1.8 节球藻毒素的化学结构

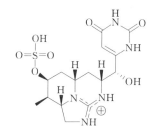

图 1.9 拟柱孢藻毒素的化学结构

拟柱孢藻在水华中会产生拟柱孢藻毒素（Cylindrospermopsin）和石房蛤毒素（Saxitoxin）等。拟柱孢藻毒素也是一种肝毒素，其分子结构见图1.9。它的靶器官为肝脏和肾脏，研究表明拟柱孢藻毒素可能使细胞产生 DNA 损伤，引起基因突变，从而导致动物畸形生长，因此水体中存在的拟柱孢藻毒素对人体和动物的健康是个很大的威胁（Zegura et al.，2011）。

此外，常见的蓝藻水华种类还有颤藻（Oscillatoria）[其主要产微囊藻毒素，鱼腥藻毒素-a，鱼腥藻毒素-a（s）]，以及念珠藻和浮丝藻（这两种藻类主要产微囊藻毒素）。

1.2.3 蓝藻水华暴发影响因素

目前关于蓝藻水华形成的机理已有较多的研究，通常认为水华暴发机理与气候（温度、大气压等）、水文（水量、水流）、水体中的氮磷营养盐及蓝藻自身的生理特点等相关。

1.2.3.1 水温和光照

水温和光照是影响藻类季节演替的主要物理因子。一般认为蓝藻生长的最佳水温是 28℃，在冬季，水温、光强都很低，藻类生产力不高，数量很少；春季，虽然水温没有显著增高，但是日照时间变长，光合作用强度增加，硅藻会在群落中占优并大量增殖；春末夏初则以绿藻为主，蓝藻则在温度较高的夏季中后期占优；秋末则是以硅藻为优势。温度对藻类生长的影响比较突出，它决定生物细胞内酶反应的速度，每种藻类都有一个温度适宜的范围。通常情况下，蓝、绿藻喜高温，因此多出现在夏季，夏季也往往是水华的高发季节。有研究指出，水华鱼腥藻在 5℃ 时数量很少，到 15℃ 时一直保持着相对同样水平，水华鱼腥藻的暴发则发生在 15～20℃，当温度达到夏季最高值时，这类种群水平很低甚至消失；水华束丝藻在温度达到 20℃ 之前很少见；铜绿微囊藻水华则发生在 17.5～26℃ 之间。所以蓝藻门种类之间的优势演替在很大程度上受到水温的影响。

光照的影响主要表现在藻类光合作用的速率随着光强的变化而变化，以及不同种类的藻对不同波长、不同强度的光敏感性不同。光照强度和光暗比都对蓝藻的生长有很大的影响，光照时间越长，蓝藻获得的能量越多，越有利于合成各种细胞组成成分，促进细胞生长繁殖。夏季快结束时混合层往下迁移，导致水下光线变弱，喜弱光的直链硅藻、微囊藻等占据优势。太湖梅梁湾浮丝藻在 6 月出现高峰，7—9 月微囊藻几乎完全占据优势。由于浮丝藻在强光照射下会产生光抑制，而微囊藻在强光环境中能较好地生长，所以夏季梅梁湾的微囊藻取代浮丝藻成为优势种。

1.2.3.2　pH、透明度

因为碱性系统易于捕获大气中的 CO_2 从而出现较高的藻类生产力，而酸化水体中藻类的生长潜力微弱。每种藻类都有其适合的 pH 范围。许多研究表明，水体 pH 的变化对浮游藻类的种类组成和分布规律有重要的影响，且蓝藻偏好较高的 pH。赵孟绪等（2004）研究发现，汤溪水库微囊藻水华期间各采样点 pH 大于 9.0，且蓝藻密度与 pH 呈显著的正相关。发生水华时，较高的蓝藻密度对水体 pH 具有明显影响，微囊藻可以借助悬浮机制吸收"空气-水"界面的 CO_2，而没有悬浮机制的藻类由于缺乏 CO_2，难以形成优势种。

透明度是水体能见程度的一个量度，能够直观反映湖泊水下光场的分布情况，也是评价水体富营养化的一个重要指标。许多研究表明，藻类、悬浮物和溶解性有机物是影响透明度的物质，如悬浮物是太湖水体透明度最重要的影响因素，而藻类是滇池、杭州西湖等水体透明度的主要影响因子。在流溪河水库，春季由于大量悬浮颗粒物的输入，使水库透明度大为降低，较低的透明度抑制了藻类的生长，水体的透明度也会影响藻类的垂直分布状况。蓝藻不能适应含有悬浮颗粒的水体，而含有一定量悬浮颗粒的水体却对于硅藻的生长是有好处的，但当悬浮颗粒过多时，任何藻类都难以成功地生长繁殖。

1.2.3.3　氮、磷营养盐浓度

沃伦韦德确定的湖泊氮、磷营养元素双控制的指标或标准为：无机氮 0.5mg/L，总磷 0.03mg/L。湖泊或水库的营养盐浓度值超过该标准，即可能已经发生或存在藻类水华暴发的风险。湖泊发生富营养化后，氮、磷浓度大幅上升，原因是湖库生态系统中的营养盐自身循环效应和沉积物的内源性营养盐

释放。国际公认的磷控制标准为：总磷浓度为 0.03mg/L；湖库水质营养盐浓度超过该标准，即可能已经发生或存在藻类水华暴发的风险。

在合适的光照、温度、pH、硅以及其他营养物质充分的条件下，植物的生长取决于外界供给它们养分最少的一种或两种。从藻类原生质分子式 $C_{106}H_{263}O_{110}N_{16}P$ 可以看出，生产 1kg 鲜藻类，需要消耗碳 358g、氢 74g、氧 496g、氮 63g、磷 9g（即 1g 磷可生产 111g 鲜藻，1g 氮可生产 15.87g 鲜藻）。由于氢和氧可以来自水分子，因此，要想控制水体富营养化，必须控制水体中营养元素含量及其比例。藻类（细胞）的碳氮磷比值，按照碳、氮、磷的原子量比值为 106：16：1，按重量比约为 40：7：1。这三种元素中某一种的相对量低于此比值，其他两种就成为生理需要上的多余，而不足的这一种即成为限制因子，因此，一般认为氮和磷之比大于 7 时为缺磷，小于 7 时为缺氮。

然而，由于磷的循环速率较氮为快，如在澳大利亚的乔治湖，氮的周转时间为 0.66d，磷仅 0.5d。在实际应用时的 N/P 控制指标：如以溶解性氮和溶解性磷的比值 5～12 为指标，低于 5 时缺氮，大于 12 时缺磷；同时以总氮和总磷比值 10～17 为指标，低于 10 时缺氮，高于 17 时缺磷。在富营养化的过程中，首先是磷的增加。由于磷极快被利用并且循环速度很快，所以总储量虽然增大但瞬时浓度不一定增大，且甚至常常降低；同时变化幅度增大。磷的增加促进了藻类的产量。当藻类大量发展时，氮的消耗量可能超过补充量，因此引起上层水中氮的不足。这时，固氮蓝藻的出现扩大了氮的来源。通常在中等深度、富营养化分层的湖泊中固氮蓝藻易暴发，它们在氮缺乏的环境中能够从氨氮中获取氮元素从而具有竞争优势。这是一般湖泊或水库常发生蓝藻水华的根源之一。

对波罗的海的研究表明，水体富营养化导致有机物沉积引起底部缺氧，这部分水量越高，水体中总溶解性氮越低，意味着厌氧条件下氮的去除量增加。内源磷的释放以及溶解性无机氮的去除导致水体中氮磷比较低，这也是促进蓝藻固氮的主要因素之一。由于波罗的海开发水域内的蓝藻暴发似乎受内部作用影响较强，外源氮的削减对其作用受时间限制。较长的时间尺度下，外源性磷输入量的减少有可能减少蓝藻暴发的可能性；但在时间尺度较小时，内源性磷的输入量增加将会抵消外源性磷减少的抑制作用。最终这个内源磷输入、脱氮以及固氮蓝藻暴发的概率组成了一个恶性循环过程。若想有效地减少蓝藻暴发及水体富营养化，减少外源性氮、磷的输入显得尤为关键。

蓝藻中的许多种类具有固氮能力，例如，鱼腥藻、束丝藻、拟柱孢藻、胶刺藻和节球藻等，都具有固氮功能。除了蓝藻之外，水体中的许多细菌也具有固氮能力，例如，以梭菌为代表的厌氧性自生固氮菌和光合细菌中的红螺菌属以及绿硫菌属，以及芽孢杆菌属、螺菌属、肠杆菌科的一些属种，反硫化细菌、产甲烷细菌和其他一些异养细菌的种，都具有固氮作用。因而，水体中的氮不能成为控制因子。而磷元素，除了集水区的汇入和底泥重复释放之外，一般不能由生物从空气"吸入"。许多湖泊或水库的富营养化情景证明，只要流域内严格控制磷，即可起到很好或决定性的效果。除了氮、磷等大量元素之外，微量营养元素（铁、钼等）以及稀土元素（镧、钇等）对水华藻类的生长也有一定影响。

1.2.3.4　生物因素

浮游动物是蓝藻暴发的重要制约因子之一。研究证明，大型枝角类和桡足类浮游动物具有滤食蓝藻细胞及群体的功能。利用浮游动物控制藻类繁殖，在国内外已经有了一些成功的案例。大型浮游动物是藻类最有效的牧食者，因此保证一定数量浮游动物的存在，保持大型浮游动物种群的优势地位，可有效控制富营养化。此外，长刺溞（*Daphnia longispina*，大型枝角类浮游动物）可以有效减少铜绿微囊藻（*Microcystis aeruginosa*）的生物量。大型浮游动物对藻类的控制作用表明，在适当的富营养条件下，通过合理的生物操纵，使得大型植食性浮游动物达到和维持足够的密度，能够有效地控制藻类的过量生长。然而，对于甲壳类动物而言，由于其个体较大，容易成为鱼类的捕食对象，因此其数量往往比轮虫和原生动物下降快。许多水库的浮游动物群落以轮虫和原生动物为主，大型桡足类浮游动物很少，枝角类甚至没有检出，这也是其形成蓝藻水华的原因之一。

鱼类位于水生态系统的较高营养级或最高营养级，对水生态系统的演化和演变具有重要上行和下行效应。经典的生物操作法认为：捕杀滤食性的鱼类或放养肉食性的鱼类可以改善浮游动物的群落结构，促进滤食效率高的植食性大型浮游动物发展，进而可以控制富营养化和改善水质等。非经典性的生物操纵理论认为：利用藻类食性鱼类可以直接控制富营养化的藻类暴发。例如，利用藻类食性鱼类的鲢鱼、鳙鱼可以控制富营养化和藻类水华暴发。研究显示，在湖中放养食鱼性鱼类后，滤食性鱼类的数量会显著减少，而植食性的浮游动物大量繁殖，从而导致叶绿素含量和初级生产力显著降低。然而，实践证明，这种间接性的（或者是措施比较单一的）生物操纵技术，往往很难达到预期的治理效果。因此，目前的生物操纵技术往往侧重于综合型的或与其他技术相互配套的治理方法。实际上鱼类生物对水生态系统的控制是复杂的。一般认为，水库上层滤食性的鱼类（如鲢鱼、鳙鱼）可以净化水质和提高水体透明度；大银鱼、马口鱼等肉食性的鱼类可以吃掉水中的小型野杂鱼，从而可以起到促进浮游动物生长的作用；鲤鱼和鲫鱼通常在水体的底层生活，对控制富营养化不利。此外，鱼类生物量的多少、能否在水库中产卵繁殖也是衡量其水功能作用的标志之一。部分水库的鱼类种群结构以底层类居多，藻类食性的上层鱼数量过少或基本没有。这种现象的存在也可能是导致水库经常发生蓝藻水华的原因之一。

大型维管束水生植物具有吸收拦截氮磷、增加水体自净功能、庇护幼小动物生长、为鱼类和其他生物提供卵巢等功效，因而在水生态系统中的功能和作用十分显著。许多水库的大型水生植物类群单一，仅有少量的挺水植物区，缺少沉水和浮水植物区；同时沉水植物区面积也很小，其对拦截氮、磷和沉积物的作用十分有限，对孵化和庇护幼鱼、鱼卵及其他小型生物的作用也十分有限。因而，这也是部分水库极易暴发蓝藻水华的原因之一。微囊藻属里的多个种能通过释放毒素、生长抑制剂等化学物质来影响其他藻类或者浮游动物的生长，在竞争或捕食压力下微囊藻产生的毒素常有所增加。有些植物，如黑藻（*Hydrilla verticilata*）、凤眼莲（*Eichhornia crassipes*）等还会分泌化感物质抑制藻类生长。因此高等水生植物在改善湖泊环境，减轻富营养化水平和控制水华形成方面有重要作用。

底栖动物是水生生物中的一个重要生态类型。淡水中常见底栖动物有：软体动物门腹足纲的螺和双壳纲的蚌、河蚬等；环节动物门寡毛纲的水丝蚓、尾鳃蚓等，蛭纲的舌蛭、泽蛭等，多毛纲的沙蚕；节肢动物门昆虫纲的摇蚊幼虫、蜻蜓幼虫、蜉蝣目稚虫等，甲壳纲的虾、蟹等；扁形动物门的涡虫纲等。大型软体动物中的螺、蚌、贝类能起很好的生物净化作用，试验表明，河流中的蚌类对藻类有明显的抑制作用，一个壳长 10cm 的河蚌，在 20℃时，每天可过滤 60L 水，过滤并吞食的藻类和悬浮物经过吸收代谢作用，分解为无害物，并使水澄清。牡蛎能够抑制藻类的生长，促进海草的生长，并使海水中的氮通过反硝化作用减少，进而使海水变清。许多底栖动物通过摄食、掘穴等活动与周围环境发生着相互影响，在污染水域水质净化中具有重要作用，是反映水库底泥和水质污染状况的指示生物。但是，底栖动物的觅食和生活习性也往往造成湖库底泥中的污染物释放，从而加重水体污染和水体富营养化。许多湖泊、水库具有滤食功能的软体动物门生物密度甚少，在库中断面没有检出，这可能也是导致水库蓝藻容易暴发的成因之一。

1.2.3.5　水文特征

浮游藻类的演替规律不仅受到水体温度、光照和藻类自身生长的生理生态状态的影响，还受到水体的水动力作用影响。模拟水动力试验表明，水动力对湖泊生物群落的演替起着重要作用，藻类种类数以小水流时最高，其生物量也最高，由静止状态到大水流状态，藻类数量呈现递减趋势。Mischke 等（2003）比较了水体搅动对德国两个富营养湖泊中夏季蓝藻的生长产生的干扰，发现风比较小，湖面比较平静的湖泊中，泽丝藻占据优势，而风比较大，水体搅动比较剧烈的湖泊里则是以阿氏浮丝藻为主。对于水库而言，蓄水之后由于水体滞留时间变长和流速变缓,藻类拥有更长时间生长繁殖,在适宜的营养条件下数量往往会显著增长。在深水水库中,由于不同深度的水层所接受的光照强度以及水体热力学状态的差异,会出现热分层,整个水体就会分为温暖的表层、冰冷的底层和温度急剧下降的中间层,称这个中间层为温跃层。热分层会直接影响水团的密度分布,从而影响浮游藻类的组成与数量的分布、优势种演替等。在水库中增大水交换,缩短水滞留时间,能够有效地防止水温分层,增加水体混合层,破坏藻类繁殖和生存条件。

1.2.3.6 蓝藻生理生态特性

许多种类蓝藻的细胞中具有特殊结构体——伪空胞,使它们能够悬浮在水中,同时可以通过浮力来控制它们在水体中的垂直分布、昼夜迁移及形成水华的能力。这种通过浮力的控制,一方面使它们能更好地适应环境的变化,如漂浮到表层,增加获得光照的条件、迁移到营养盐较适宜的位置,增加营养盐的供给(宋立荣等,1998);另一方面,漂浮力还能使群体细胞减少沉积的损失。某些丝状蓝藻有一种能固氮的细胞——异形胞,能够固定大气中的氮。这种特征可以保证蓝藻在低氮的环境中尽可能地吸收利用环境中的氮,以满足自身的营养需求和增殖。水华蓝藻还具有高效吸收利用外源无机碳的功能——CCM(无机碳浓缩机制)。在低浓度的二氧化碳介质中,蓝藻可以通过高效地主动吸收浓缩外源无机碳,在细胞内积累的二氧化碳浓度比介质高几百倍到几千倍,由此能够在其所栖息的环境中最大限度地竞争利用有限的无机碳源,保持持续稳定的生长。许多研究还提出了蓝藻成为优势种的其他原因,例如,蓝藻不易被浮游动物捕食而使其死亡率最小化,某些蓝藻可以产生毒素影响捕食者和其他水生生物的生长,或可以分泌他感物质抑制其他藻类的生长,或能储藏营养物质保证在营养限制下其正常的生长,或能在外界条件不利的情况下形成各种休眠体,下沉到底泥,等到条件适宜,这些休眠体再复苏、萌发(Hochachka et al.,1987)。

综上,湖泊蓝藻水华发生的主要影响因素包括营养盐、气象及水文等。人们观测到,太湖、巢湖蓝藻水华暴发均是在高温季节、强光条件和风平浪静等特定环境条件下出现,即氮、磷等营养元素较为充足,适宜的温度和光照条件。

1.3 鄱阳湖主要入湖河流及边缘水体概述

鄱阳湖是中国第一大淡水湖,也是中国第二大湖。鄱阳湖位于江西省北部、长江南岸,介于北纬28°22′~29°45′,东经115°47′~116°45′,跨南昌、新建、进贤、余干、鄱阳、都昌、湖口、九江、星子、德安和永修等地,主要

13

接纳赣江、修河、饶河、信江、抚河这"五河"的水量，是一个通江型、过水型湖泊。鄱阳湖地区属亚热带潮湿的季风气候。年降水量为 1400~1900mm。湖盆由地壳陷落、不断淤积而成。形似葫芦，南北长 110km，东西宽 50~70km，北部狭窄处仅 5~15km。在平水位（14.00~15.00m）时，湖水面积为 3150km²，高水位（20.00m）时面积为 4125km² 以上，但低水位（12.00m）时面积仅 500km²。历史数据表明，鄱阳湖的最低水位出现在 1963 年 2 月，只有 5.90m，水容量仅有 1.5 亿 m³，湖面面积只有不到 50km²；而最高水位出现在 1998 年 8 月，达到了 22.59m，最大容量达到 323.4 亿 m³，湖面面积约 5000km²。从而形成了"枯水一线，洪水一片"这种特殊景象。

湖体通常以松门山为界，分为南北（或东西）两湖。松门山西北为北湖，称西鄱湖，湖面狭窄，实为一狭长通江港道，长 40km，宽 3~5km，最窄处约 2.8km。松门山东南为南湖，又称东鄱湖，湖面辽阔，是湖区主体，长 133km，最宽处达 74km。平水位时湖面高于长江水面，湖水北泄长江。由于洪水期"五河"泥沙挟带的缘故，其每年入湖泥沙能达到 1120 万 t，而这些泥沙绝大部分来自于赣江。水体自净时间非常短，多年的平均自净时间只有 19d，最短的自净时间是 1d，出现在冬季，水量的多年平均交换系数为 20.33，相比太湖的自净时间 300d，要少很多。而鄱阳湖的自净时间长短有着较强的季节性变化，同时与其纳污的能力也有着明显的相关关系。

1.3.1 鄱阳湖主要入湖河流简介

鄱阳湖流域位于长江中下游南岸，与江西省行政辖区基本重叠。鄱阳湖流域是鄱阳湖水系集水范围的总称。鄱阳湖流域主要河流有赣江、抚河、信江、饶河及修河，从东、南、西三面汇入鄱阳湖，于湖口注入长江，构成一个以鄱阳湖为中心的向心水系。江西省境除鄱阳湖水系外，还有北部直接注入长江的长河、沙河等诸河，西部注入洞庭湖水系的渌水、栗水、淁水等河流，以及南部流入东江水系的寻乌水、定南水等河流（杨荣清等，2003）。同时，在鄱阳湖周边还分布着清丰山溪、博阳河、潼津水、徐埠港、漳田河等众多小型入湖水系。

赣江为鄱阳湖流域五大河流之首，是江西省境内第一大河流，也是长江八大支流之一，发源于石城县洋地乡，河口为永修县吴城镇望江亭，流域面积 82809km²，主河道长 823km，约占全省总面积的 50%。赣江纵贯江西南北，属中亚热带湿润季风气候区，气候温和，雨量丰沛，四季分明，阳光充足，春季梅雨明显，夏秋间晴热干燥，冬季阴冷，但霜冻期较短。流域内多年平均年降水量约为 1600mm，中游西部山区的罗霄山脉一带为高值区，可达 1800mm

以上，最大值为 2137mm。上中游的赣州盆地吉泰盆地及下游尾闾为低值区，降水量小于 1400mm。降水量的年内变化，从 1 月起逐月增加，5—6 月达到全年最大，占全年的 17%～19%。自 7 月以后逐月减小。历年 4—6 月为主雨季，是长江流域汛期开始时间最早的河流之一。流域洪水由暴雨形成，每年 4—6 月进入梅雨季，暴雨最为集中，常出现静止锋型、历时长、笼罩面广的降水过程；7—9 月常出现台风型暴雨。这两种不同成因的大暴雨都可形成灾害性大洪水。特别是赣江上游为典型的扇形水系，汇流迅速集中，更易形成洪灾。

抚河位于江西省东部，为江西五大河流之一，发源于广昌、石城、宁都三县交界处的灵华峰东侧里木庄，流域面积 16493km^2，主河道长 348km，流域形状呈菱形。抚河自南向北流，流经广昌、南丰、临川、进贤等 15 个县（市）。南城以上为上游，自南城到临川市为中游，过临川市后为下游，于三阳入鄱阳湖，下游河道极为紊乱，1958 年抚河干流莲港人工改道，东流经青岚湖入鄱阳湖。抚河流域多年平均年降水量为 1500～2000mm，东部武夷山一带可达 2000mm 以上，往西及西北逐渐减少。抚河流域是暴雨区，短历时暴雨强度很大，曾在抚州东乡区测得 24h 暴雨为 50mm，在抚州南城县测得 24h 暴雨为 500mm。抚河是汛期较早的河流，4 月可出现年最大洪峰流量，但多数发生在 6 月。

信江位于江西省东北部，发源于浙赣边界玉山县三清乡平家源，河口为余干县瑞洪镇章家村，流域面积 17599km^2。信江自南流称金沙溪，穿过七一水库，南经常梨山、双明等地，在玉山县城到上饶市称为玉山水，在上饶市纳入丰溪河后始称为信江。信江多年平均年降水量上游为 1700mm，在闽赣交界铅山河上游年降水量最大可达 2150mm，铅山南面武夷山一带为著名的暴雨区。中游南部山区年降水量约 2000mm，下游约 1600mm。信江的洪水由暴雨形成，4—6 月暴雨最为集中，多数年份在 2—3 月即出现年最大洪峰。

饶河位于江西省东北部，是乐安河与昌江在鄱阳县姚公渡汇合后的称呼，流域面积 16025km^2，主河道长 299km。饶河发源于皖赣边界婺源县五龙山，河口为鄱阳县双港乡尧山。饶河自东北向西南流，至婺源县城，水浅流急，且多暗礁。饶河主要支流乐安河的流域面积为 8989km^2（含浙江省境内面积 262km^2），河长 280km。饶河主要支流昌江的流域面积为 7036km^2，河长 254km；汇合口以下流域面积为 220km^2。饶河流域多年平均年降水量自东部山区向西部滨湖递减，以德兴怀玉山为暴雨中心，可达 1900mm 以上，东部一般在 1800mm 以上，西部滨湖约 1500mm。饶河洪水由暴雨形成，每年 4—6 月为雨季，暴雨集中。

修河位于江西省西北部，发源于铜鼓县高桥乡叶家山，河口为永修县吴城镇望江亭，流域面积 14797km²，主河道长 419km，呈东西宽、南北狭的长方形，西北高而东南低。修河自源头由南向北流，至修河县马坳乡上墩，俗称东津水。流至永修县城于山下渡接纳修河最大的支流潦河，潦河在修河主河道之南，以九岭山脉与修河主流分界。修河流域多年平均年降水量为 1400～1900mm，潦河上游可达 2000mm 以上，最大值达 2023mm。

清丰山溪、博阳河、潼津水、徐埠港、漳田河流域面积分别为 2253km²、1220km²、978km²、231km²、1970km²，皆为直接注入鄱阳湖的河流。清丰山溪发源于丰城市焦坑乡明溪村，河口为南昌县吴石镇岗前渡槽。流域平均高程为 101.00m，平均坡度 0.071m/km²，流域长度 81.1km。多年平均年降水量 1549.9mm。博阳河发源于瑞昌市和平乡，自西北向东南过瑞昌市幸福水库，穿德安县境入共青城金湖乡，在共青城南湖注入鄱阳湖。多年平均年降水量为 1392mm。潼津水又名潼津河、童子渡河，位于鄱阳县北部。正源大塘河发源于鄱阳县莲花山乡白马岭峰南麓，在郎埠入鄱阳湖。多年平均年降水量为 1620mm。徐埠港发源于彭泽与都昌两县交界的武山山脉西南麓之上天垄，在都昌县新妙乡石嘴桥注入新妙湖，多年平均年降水量为 1500mm。漳田河发源于安徽东至县，于石门街进入鄱阳县境，至漳田渡下注入鄱阳湖，流域面积 1970km²。漳田河又名西河，位于鄱阳县境内，先后流经石门街镇、谢家滩镇、油墩街镇、银宝湖乡后汇入鄱阳湖。

1.3.2 鄱阳湖湖区及周边典型边缘水体概述

军山湖位于进贤县，范围介于北纬 28°24′～28°38′，东经 116°15′～116°28′，原系鄱阳湖南部大湖汊，由于历史上平均 2～2.5 年即遭受一次水旱灾害，为治理灾害，当地政府在 20 世纪 50 年代筑堤建闸，隔断湖汊与鄱阳湖之间的联系，从而将军山湖由天然湖汊改造成受控制的水库型湖泊。湖泊形状极不规则，湖岸线曲折多湾，水位为 18.00m，长 25km，最大宽度为 18.2km，平均宽度为 7.7km，面积为 192.5km²，最大水深为 6.4m，平均水深为 4.0m，蓄水量为 7.66×10⁸m³。年均气温为 17.7℃，7 月平均气温为 29～30℃，1 月平均气温为 4～5℃。多年平均年降水量为 1587mm，湖水依赖地表径流及湖面降水补给，出流通过闸口入鄱阳湖。水生植物发育不良，栖息鱼类约 100 种，可供渔业开发利用。根据刘霞等 2012—2013 年对军山湖藻类进行的调查，共鉴定出藻类 6 门 53 属，主要由绿藻门（47.2%）、硅藻门（22.2%）、蓝藻门（14.8%）、裸藻门（9.3%）等组成，细胞数量为 6.77×10⁷cells/L，生物量为 12.3mg/L，藻类群落中贫营养型的甲藻门占比降低，金藻已经消失，富营养型的蓝藻及隐藻占比升高。

珠湖位于鄱阳县，范围介于北纬 29°04′～29°12′，东经 116°34′～116°45′，

原本是鄱阳湖东部一大湖汊，于 20 世纪 60 年代筑堤建闸，隔断其与鄱阳湖的联系，从而由天然湖汊改造成受控制的水库型湖泊。全湖呈枝杈形，曲折多湾，水位为 18.00m，长为 13.5km，最大宽度为 9.5km，平均宽度为 5.98km，面积为 80.8km²，最大水深为 7.1m，平均水深为 5.72m，蓄水量为 4.63 亿 m³。湖区为北亚热带季风气候，年平均气温为 17.6℃，1 月平均气温为 7.2℃，7 月平均气温为 28.4℃，多年平均年降水量为 1570.7mm。水生植物的种类组成单调，大多不甚发育。筑堤后，该湖的抗洪、灌溉、调蓄、养殖等综合利用效益得到了显著提高。

赤湖跨瑞昌市、九江县，现属赤湖水产养殖场管辖，范围介于北纬 29°44′~19°50′，东经 115°37′~115°44′。属沉溺型岗间洼地经积水而成的河迹洼地湖。水位为 16.00m，长 12km，最大宽度为 7.5km，平均宽度为 6.7km，原有面积为 100.4km²，围垦后现有面积为 80.4km²，最大水深为 3.5m，平均水深 2.8m，蓄水量 2.25 亿 m³。湖区为北亚热带季风气候，年平均气温为 16.5℃，1 月的平均气温为 3.6℃，7 月平均气温为 28.9℃；多年平均年降水量为 1393.6mm，最大年降水量为 1794.1mm。依赖地表径流及湖面降水补给，入湖河流主要包括西部的西港及西北部的码头港，都属于山溪性河流，源头短、水流急，季节性变化大。出水河道将湖水泄入长江，当长江的水位高于湖水位时，长江水也可倒灌入湖。现已建闸于出水河道上，可人工控制湖泊蓄泄。多年平均水位为 14.60m，历年最高水位可达 17.00m，最低水位为 12.49m。水生植被发育良好，有 50 余种，全湖平均生物量为 4kg/m²。湖泊的渔业生产历史悠久，以围栏放养为主，生产潜力较大。

赛湖，又名赛城湖，位于九江县，湖面属于赛城湖水产养殖场管辖，范围介于北纬 29°39′~29°42′，东经 115°45′~115°55′。属河迹洼地湖，由赛湖、大城门湖等子湖组成，各子湖间大多有低矮堤坝相隔。在冬季枯水期时，各子湖形成独立水域，夏季丰水期时各子湖彼此连通，成为统一湖面。湖面形态极不规则，湖底淤泥深厚；水位为 17.40m，长为 14km，最大宽度为 6.5km，平均宽度为 4.38km，原有面积为 84.56km²，围垦后现有面积 61.32km²；蓄水量为 1.37 亿 m³，平均水深 2.24m，最大水深 3.4m。湖区为北亚热带季风气候，年平均气温为 17℃，1 月平均气温为 4.1℃，7 月平均气温为 29℃，多年平均年降水量为 1402.4mm。依赖地表径流及湖面降水进行补给，入湖河流在西南部，都是山溪性河流，源短流急。出水河道位于湖泊东北部，北排长江。多年平均水位为 17.50m，历年最高及最低水位分别为 21.46m、14.00m。透明度约 70cm，最大值为 250cm，pH 为 7.0~7.4，溶解氧为 8mg/L 以上，总氮为 1.14mg/L，总磷为 1.83mg/L。浮游动物检出 34 种，其中原生动物 14 种、枝角类 4 种、桡足类有 7 中、轮虫 9 种。水生植物有 6

科属10种，发育良好。渔业养殖以围栏为主，发展良好。

新妙湖位于都昌县，为新妙湖水产养殖场管辖，范围介于北纬29°20′～29°25′，东经116°08′～116°15′。新妙湖原本是鄱阳湖北部一湖汊，20世纪50年代筑堤建闸后，将其与鄱阳湖隔断，湖汊演变成独立的内湖。湖泊形状呈枝杈形，长10.55km，最大宽度为6.5m，平均宽度为4.53km，面积为47.79km²，水位为18.00m，最大水深为8.23m，平均水深为5.23m，蓄水量为2.5亿m³。湖区为北亚热带季风气候，年平均气温为17.2℃，1月的平均气温为4.5℃，7月为29.3℃，多年平均年降水量为1393mm。水生植物种类10余种，现存量6.2万t，渔业产量可达170t，具有灌溉和养殖等综合利用效益。

南北湖位于湖口县，为南北港水产养殖场所辖，范围介于北纬29°38′～29°42′，东经116°12′～116°16′。原本是鄱阳湖两个比邻的湖汊，位居南部者称为南港口，面积较小；北部的称为北港湖，面积略大。20世纪60年代后，于两港口相连处筑堤建闸，从此合二为一，演变成独立的水库型湖泊，统称为南北港。湖形呈V形，岸坡较陡，水位为18.00m，长为7.2km，最大宽度为7km，平均宽度为3.43km，面积为24.73km²，最大水深为8.2m，平均水深为4.65m，蓄水量为1.15亿m³。属北亚热带季风气候，1月平均气温为4.2℃，7—8月为28.8℃，年平均气温为17.4℃，多年平均年降水量为1394.2mm。透明度为20～80cm，pH为6.5～8.4，溶解氧为3.8～9.0mg/L。水生植物稀少，以养殖为主，兼具养殖及灌溉之功能。

陈家湖，为赣江（南支）、抚河、信江复合三角洲南侧的区域，位于进贤县，原为鄱阳湖南部金溪湖湾中的一湖汊，范围介于北纬28°36′～28°41′，东经116°21′～116°25′。1957年兴建湖堤，堤两端建闸口进行控制，从此演变为人工调控的水库型湖泊。水位为19.00m，长为8.8km，最大宽度为5km，平均宽度为2.5km，面积为22km²，蓄水量为1.2亿m³，最大水深为6.15m，平均水深为5.45m。属于北亚热带季风气候，1月的平均气温为4.5℃，7月为29.5℃，年平均气温为17.7℃，多年平均年降水量为1587mm。依赖地表径流和降水补给，出流进入鄱阳湖，兼具蓄洪、养殖和灌溉之功能。

太泊湖跨江西省彭泽县、安徽省冬至县，北临长江，为长江废弃古河床积水而成的河迹洼地湖，属太泊湖水产养殖场管辖，范围介于北纬29°57′～30°02′，东经116°40′～116°46′。湖形呈长茄形，水位为15.00m，长为13km，最大宽度为3.2km，平均宽度为1.6km，面积为20.7km²，最大水深为7m，平均水深为5m，蓄水量为1.04亿m³。湖区属于亚热带季风气候，年平均气温为16.5℃，多年平均年降水量为1351mm。东南部的丘陵山区是入湖河流的主要来源，入湖的水量季节变化大，含沙量较高，依赖地表径流及湖面降水进行补给。20 世纪 60 年代建闸后，提高了湖泊的灌溉和调蓄效益，上游来水后经闸口调蓄分别排入长江。湖水 pH 为 7.35，透明度为 1m，最大为 2m，溶解氧冬季为 9.72～13.66mg/L，夏季为 6.97～8.64mg/L。水生植物常见的有 10 余种，生物量为 0.37kg/m², 20 世纪 70 年代以来，该湖以渔业养殖为主。

七里湖位于九江市南郊，北临长江，西靠赛湖并与之相通，范围介于北纬 29°39′～29°42′，东经 115°55′～115°57′。水位为 17.50m，长为 8km，最大宽度为 4km，平均宽度为 2.03km，原有水域面积为 20.69km²，围垦后现有水域面积为 16.24km²，蓄水量为 0.36 亿 m³，最大水深为 3.4m，平均水深为 2.2m。属北亚热带季风气候，1 月平均气温为 4℃，7 月平均气温为 29℃，年平均气温为 17.1℃，多年平均年降水量为 1420.4mm。依赖地表径流及湖面降水补给，入湖河流主要是山溪性河流——沙河，含沙量高，出流经阳闸泄入长江。湖水的 pH 为 6.7，透明度为 30～50cm，水生植物发育良好，全湖平均生物量为 7000g/m²，渔业生产以养殖为主。

1.4 主要调查研究方法

1.4.1 样品采集与处理

每个采样点采集表层（0.5m 水深）水样 5L，用于水化学指标的测定。使用水质参数仪现场原位测定以下指标：温度（t）、pH、氧化还原电位（ORP）。透明度（SD）使用赛氏盘（Secchi Disk）现场测定。水体化学指标包括总氮（total nitrogen，TN）、总磷（total phosphate，TP）、高锰酸盐指数（COD_{Mn}），将水样采集回实验室后，参照《水和废水监测分析方法（第四版）》进行测定。

使用 25 号筛绢的浮游生物网（网目为 $64\mu m$）于各采样点水体表面进行"∞"形来回拖动，捞取适量藻样于 50mL 采样瓶，加入 1～2mL 10% 的甲醛溶液固定，用于藻类定性分析。取 1L 表层水样现场用 15mL 鲁哥氏液固定后带回实验室于分液漏斗静置沉淀 48h 后，用虹吸管抽掉上清液，剩余 35～50mL 沉淀物溶液转入 50mL 采样瓶，用于藻类定量分析。

藻类的定性样品鉴定过程为：将固定后的藻类定性样品摇匀，吸取一滴于载玻片，利用光学显微镜 Olympus BX53，在 400 倍下进行分类鉴定及拍照，利用藻类图谱和其他鉴定手册进行藻类的分类鉴定，初步掌握各位点样品中藻类的种类及其形态特点。

藻类定量分析的基本操作步骤如下：充分摇匀样品后，取 0.1mL 滴入藻类计数框内，在光学显微镜 Olympus BX 51 型 400 倍下计数 100 个视野中的藻类，每一样品取样和计数两次，两次结果与平均数之差不大于 15％ 时，计数结果方可信，否则须继续取样计数。当样品泥沙含量较重而无法清晰地对藻类进行计数时，可依据泥沙含量及藻类数量对样品稀释 5～20 倍后再计数。获得计数结果后，根据以下公式换算出藻类的数量：

$$N = n \times (A \times V_s)/(A_c \times V_a)$$

式中　N——原水样中藻类的密度，cells/L；

　　　n——计数所得藻类的数目，cell；

　　　A——计数框面积，mm^2；

　　　A_c——总计数面积，mm^2，等于视野面积乘以所计视野数；

　　　V_s——1 升水样浓缩沉淀后所得到的体积，mm^3；

　　　V_a——计数框的体积，mm^3。

不同种类不同生长时期的藻类个体大小相差悬殊，因此用数量不如用重量（生物量）来表征更为准确。藻类的相对密度接近于 1，故可测量藻类细胞个体大小，转化为细胞体积后换算成生物量，既能较好地反映藻类现存量，又能进一步了解藻类的群落结构、优势种对藻类生物量的贡献。确定不同种类藻类个体的相似几何形状后，测量每个细胞的长度、宽度、高度、直径，按照体积计算公式求得体积，按体积质量比为 1 的方式转换成生物量，总生物量等于各藻类的平均体积乘以各自计数的数量，单位为 mg/L。

1.4.2　富营养化评价

国内学者参照国外研究后提出了我国的湖泊富营养化评价方法，随着研究的不断深入，不同的评价方法也逐渐发展起来。王明翠等（2002）对营养度指数法、评分法和营养状态指数法［包括修正的营养状态指数、卡尔森营养状态指数（TSI）、综合营养状态指数（TLI）］进行详细的分析与比较后，认为综合营养指数法是一种比较切实可行的评价方法。本书选择综合营养指数法进行评价，富营养化状态的分级标准见表 1.1。

表 1.1　　　　　　　　　　富营养化状态分级标准

营养状态	TLI（∑）值	营养状态	TLI（∑）值
贫营养	TLI（∑）＜30	轻度富营养	50＜TLI（∑）≤60
中营养	30≤TLI（∑）≤50	中度富营养	60＜TLI（∑）≤70
富营养	TLI（∑）＞50	重度富营养	TLI（∑）＞70

1.4.3　藻类多样性评价

通常物种多样性可归纳为 3 种含义：种的丰富度、种的均匀度以及种的综合多样性。藻类的种类多样性指数是评价水质时最常用的检测指标，主要以藻类细胞密度和种群结构的变化来评价水体的受污染程度。

选用 Margalef 丰富度指数（d）、Shannon 多样性指数（H）、Pielou 均匀度指数（J）来测度藻类多样性。

Margalef 丰富度指数（d）：

$$d = (S-1)/\ln N$$

Shannon 多样性指数（H）：

$$H = -\sum_{i=1}^{n} (n_i/N)/\ln(n_i/N)$$

Pielou 均匀度指数（J）：

$$J = H/\ln S$$

式中　S——物种总数；

　　　N——藻类总细胞数；

　　　n_i——第 i 个种的细胞数。

第 2 章

鄱阳湖流域大型湖库藻类现状与水华风险

鄱阳湖流域江西境内共有大中型湖泊 17 个，大中型水库 286 座。全省大中型湖库正常水位面积 1574km²，占全省国土面积的 0.94%，其中湖泊 586km²，水库 988km²，分别占全省大中型湖库总面积的 37.25% 和 62.75%。1949 年以来，江西水利事业得到了长足的发展，至 2003 年年底，江西共建成各类水库 9400 多座，约占全国水库数量的 1/9，在各省中排名第二。其中大型水库 25 座、中型水库 224 座、小型水库 9191 座。这些水库作为国民经济的基础设施，对江西省社会经济发展起到了重大支撑作用，在防洪、灌溉、供水、发电等方面发挥了巨大效益，为江西经济社会可持续发展，保障社会稳定作出了巨大贡献。然而，长期以来，水利水电工程往往偏重从技术、经济角度考虑问题，对优化设计、提高工程质量、降低造价和缩短工期予以高度的重视，而对生态环境影响则考虑得甚少。因此，探究鄱阳湖流域内水库的水生态环境状况，掌握水库的水质类别、富营养化程度和生物多样性情况，对于水库生态功能的正常发挥具有积极的意义（熊焕准，2007）。

为了探究鄱阳湖流域大型湖库的藻类现状和水华风险，笔者于 2014—2017 年对流域内 4 个大型湖泊和 24 个大型水库进行了调查，主要情况见表 2.1。分别选择夏秋季节和冬春季节两个时期对水库及湖泊进行采样，每个对象选择 1～4 个点位进行样品采集，采样指标主要包括水质和藻类样品。其中潘桥水库、紫云山水库和廖坊水利枢纽夏秋季节未开展调查。

表 2.1   鄱阳湖流域大型湖泊与水库概况

编号	名称	行政分区	水系	类型	集水面积 /km²	蓄水量或库容 /万 m³
1	鄱阳湖	—	—	湖泊	146～2933	45000～1496000
2	柘林湖	九江	修河	湖泊	9340	792000
3	仙女湖	新余	赣江	湖泊	3900	89000

编号	名称	行政分区	水系	类型	集水面积 /km²	蓄水量或库容 /万 m³
4	陡水湖	赣州	赣江	湖泊	2750	82200
5	白云山水库	吉安	赣江	大型水库	464	11400
6	滨田水库	上饶	信江	大型水库	72.6	11150
7	大坳水库	上饶	信江	大型水库	390	27570
8	大塅水库	宜春	赣江	大型水库	610.5	11460
9	东津水库	九江	修河	大型水库	1080	79800
10	飞剑潭水库	宜春	赣江	大型水库	79.3	10060
11	共产主义水库	景德镇	饶河	大型水库	155	13700
12	洪门水库	抚州	抚河	大型水库	2376	121400
13	军民水库	上饶	信江	大型水库	133	18940
14	老营盘水库	吉安	赣江	大型水库	172	10160
15	南车水库	吉安	赣江	大型水库	459	15300
16	潘桥水库	宜春	赣江	大型水库	71.35	15130
17	七一水库	上饶	信江	大型水库	324	24890
18	山口岩水库	萍乡	赣江	大型水库	230	10500
19	上游水库	宜春	赣江	大型水库	140	18300
20	社上水库	吉安	赣江	大型水库	427	17070
21	团结水库	赣州	赣江	大型水库	412	14570
22	万安水库	吉安	赣江	大型水库	36000	221600
23	油罗口水库	赣州	赣江	大型水库	557	11000
24	长冈水库	赣州	赣江	大型水库	848.5	36500
25	紫云山水库	宜春	赣江	大型水库	81.5	14010
26	峡江水利枢纽	吉安	赣江	大型水库	62710	118700
27	界牌航电枢纽	鹰潭	信江	大型水库	12277	33500
28	廖坊水利枢纽	抚州	抚河	大型水库	7060	43200

2.1　富营养化评价

2.1.1　营养盐指标

鄱阳湖流域大型湖泊与水库总氮情况见图 2.1，夏秋季节总氮浓度平均值为 0.60mg/L，浓度变化范围为 0.17～1.52mg/L，总氮浓度最高的是万安水库，最低的是东津水库。冬春季节总氮浓度平均值为 0.86mg/L，浓度变化范围为 0.24～2.37mg/L，总氮浓度最高的是界牌航电枢纽，最低的是长冈水库。

鄱阳湖流域大型湖泊与水库总磷情况见图 2.2，夏秋季节总磷浓度平均值

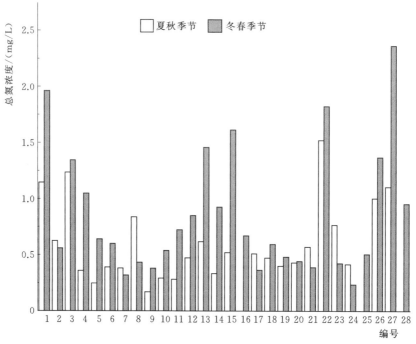

图 2.1 鄱阳湖流域大型湖泊与水库总氮情况

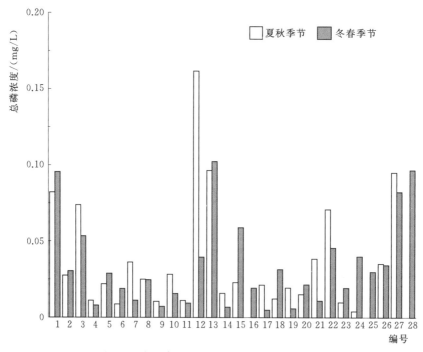

图 2.2 鄱阳湖流域大型湖泊与水库总磷情况

为 0.04mg/L，浓度变化范围为 0.004～0.16mg/L，浓度最高的是洪门水库，最低的是长冈水库。冬春季节总磷浓度平均值为 0.03mg/L，浓度变化范围为 0.005～0.1mg/L，浓度最高的是军民水库，最低的是七一水库。夏秋季节与冬春季节总磷的平均浓度浓度接近。

鄱阳湖流域大型湖泊与水库高锰酸盐指数情况见图 2.3，夏秋季节高锰酸盐指数平均值为 2.4mg/L，变化范围为 1.35～3.99mg/L，最高的是洪门水库，最低的是长冈水库。冬春季节平均值为 2.48mg/L，变化范围为 0.94～4.79mg/L，最高的是共产主义水库，最低的是七一水库。化学需氧量越高表示有机物污染越严重，有机物污染的来源可能是农药、化工厂排放物、有机肥料等。如果不进行处理，许多有机污染物可在水底被底泥吸附而沉积下来，在今后若干年内对水生生物造成持久的毒害作用。由于水库水深较大，前期的营养盐和污染负荷很可能沉积于水底，因此表层水的高锰酸盐指数较低。鄱阳湖流域大型水库夏秋季节与冬春季节高锰酸盐指数的平均值相差不大且数值很低，表明水库的有机物污染负荷较低，总体污染来源较少。

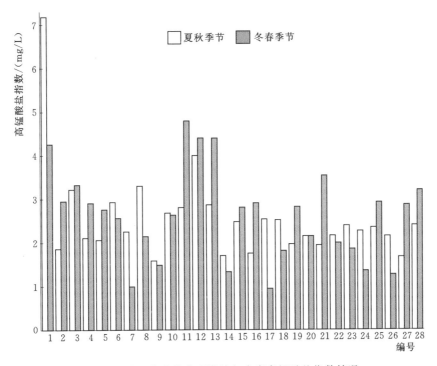

图 2.3　鄱阳湖流域大型湖泊与水库高锰酸盐指数情况

鄱阳湖流域大型湖泊与水库叶绿素浓度情况见图 2.4，夏秋季节叶绿素浓度平均值为 7.77μg/L，浓度变化范围为 1.8～26.73μg/L，浓度最高的是团结水库，最低的是界牌航电枢纽。冬春季节叶绿素浓度平均值为 $9.78\mu g/L$，浓度变化范围为 $1.15\sim51.91\mu g/L$，浓度最高的是军民水库，最低的是大坳水库。除个别几个水库的叶绿素浓度较高以外，其他水库夏秋季节与冬春季节叶绿素的平均值都很低，藻类水华风险较低。

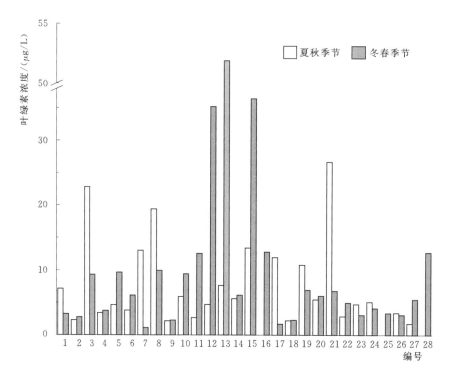

图 2.4　鄱阳湖流域大型湖泊与水库叶绿素浓度情况

鄱阳湖流域大型湖泊与水库透明度情况见图 2.5，夏秋季节透明度平均值为 1.67m，变化范围为 $0.1\sim4.32m$，透明度最高的是东津水库，最低的是廖坊水利枢纽。冬春季节透明度平均值为 1.55m，变化范围为 $0.32\sim3.29m$，透明度最高的是柘林湖库，最低的是鄱阳湖。鄱阳湖流域特大型水库的透明度情况较好，普遍高于 1m，其中东津水库夏秋季节与冬春季节的透明度均在 2m 以上。

2.1.2　富营养化评价

运用综合营养指数法进行分析后得到湖泊水库的富营养化状况（表 2.2），在评价的湖泊中，鄱阳湖、柘林湖、仙女湖、陡水湖全年为中营养。在评价的大型水库中，全年为贫营养的水库有 1 座（东津水库），中营养的有 20 座，轻

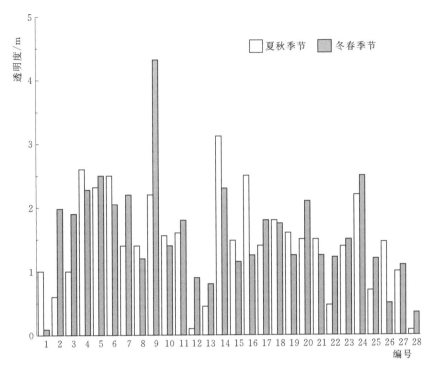

图 2.5　鄱阳湖流域大型湖泊与水库透明度情况

度富营养的有 3 座（廖坊水库、洪门水库、军民水库）。全年、夏秋季节、冬春季节分别有 89.3%、89.3%、82.2% 的湖库处于中营养及以上水平，富营养化湖库占比较少且大多仅为轻度富营养化水平。

表 2.2　　　　　　　鄱阳湖流域大型湖泊与水库富营养化状况

编号	名称	行政分区	水系	全年	夏秋季节	冬春季节
1	鄱阳湖	—	—	中营养	中营养	轻度富营养
2	柘林湖	九江	修河	中营养	中营养	中营养
3	仙女湖	新余	赣江	中营养	轻度富营养	中营养
4	陡水湖	赣州	赣江	中营养	中营养	中营养
5	白云山水库	吉安	赣江	中营养	中营养	中营养
6	滨田水库	上饶	信江	中营养	中营养	中营养
7	大坳水库	上饶	信江	中营养	中营养	贫营养
8	大塅水库	宜春	赣江	中营养	中营养	中营养

编号	名称	行政分区	水系	全年	夏秋季节	冬春季节
9	东津水库	九江	修河	贫营养	贫营养	贫营养
10	飞剑潭水库	宜春	赣江	中营养	中营养	中营养
11	共产主义水库	景德镇	饶河	中营养	中营养	中营养
12	洪门水库	抚州	抚河	轻度富营养	轻度富营养	轻度富营养
13	军民水库	上饶	信江	轻度富营养	中营养	轻度富营养
14	老营盘水库	吉安	赣江	中营养	中营养	中营养
15	南车水库	吉安	赣江	中营养	中营养	轻度富营养
16	潘桥水库	宜春	赣江	中营养	—	中营养
17	七一水库	上饶	信江	中营养	中营养	贫营养
18	山口岩水库	萍乡	赣江	中营养	中营养	中营养
19	上游水库	宜春	赣江	中营养	中营养	中营养
20	社上水库	吉安	赣江	中营养	中营养	中营养
21	团结水库	赣州	赣江	中营养	中营养	中营养
22	万安水库	吉安	赣江	中营养	中营养	中营养
23	油罗口水库	赣州	赣江	中营养	中营养	中营养
24	长冈水库	赣州	赣江	中营养	中营养	贫营养
25	紫云山水库	宜春	赣江	中营养	—	中营养
26	峡江水利枢纽	吉安	赣江	中营养	中营养	中营养
27	界牌航电枢纽	鹰潭	信江	中营养	中营养	中营养
28	廖坊水利枢纽	抚州	抚河	轻度富营养	—	轻度富营养

富营养评价结果表明，大型水库的富营养化程度普遍较低，仅有 3 座处于轻度富营养化水平；鄱阳湖流域大型水库的营养负荷处于较低的水平。而湖泊仅有仙女湖夏秋季节的富营养程度为轻度富营养化。

2.2 藻类的种类组成

本次调查共鉴定藻类 8 门 62 属 70 种，其中蓝藻 11 属 11 种，绿藻 25 属 31 种，硅藻 15 属 15 种，裸藻 2 属 3 种，金藻 2 属 2 种，甲藻 4 属 5 种，黄藻 1 属 1 种，隐藻 2 属 2 种。以绿藻为主，蓝藻和硅藻种类次之，其他门类的藻类种类较少。鄱阳湖流域部分藻类图片见表 2.3。

表 2.3   鄱阳湖流域部分藻类图片

序号	名称	拉丁名	图　片
1	旋折平裂藻	*Merismopedia convoluta*	50μm
2	中华平裂藻	*Merismopedia sinica*	20μm
3	腔球藻	*Coelosphaerium* sp.	20μm

序号	名称	拉丁名	图 片
4	赖格乌龙藻	*Woronichinia naegeliana*	
5	铜绿微囊藻	*Microcystis aeruginosa*	
6	惠氏微囊藻	*Microcystis wesenbergii*	

序号	名称	拉丁名	图　片
7	片状微囊藻	*Microcystis panniformis*	100μm
8	颤藻	*Oscillatoria* sp.	50μm
9	螺旋浮丝藻	*Planktothrix spiroides*	50μm

续表

序号	名称	拉丁名	图 片
10	水华束丝藻	*Aphanizomenon flos-aquae*	50μm
11	长孢藻	*Dolichospermum* sp.	10μm
12	颗粒直链藻	*Melosira granulata*	20μm

序号	名称	拉丁名	图　片
13	颗粒直链藻极狭变种螺旋变型	*Melosira granulata* var. *angustissima* f. *Spiralis*	 20μm
14	小环藻	*Cyclotella* sp.	 20μm
15	平板藻	*Tabellaria* sp.	 20μm

33

序号	名称	拉丁名	图 片
16	等片藻	*Diatoma* sp.	 10μm
17	脆杆藻	*Fragilaria* sp.	 20μm
18	针杆藻	*Synedra* sp.	 50μm

序号	名称	拉丁名	图　片
19	星杆藻	*Asterionella* sp.	 20μm
20	布纹藻	*Gyrosigma* sp.	 20μm
21	舟形藻	*Navicula* sp.	 20μm

续表

序号	名称	拉丁名	图　片
22	桥弯藻	*Cymbella* sp.	
23	实球藻	*Pandorina* sp.	
24	空球藻	*Eudorina* sp.	

序号	名称	拉丁名	图　片
25	团藻	*Volvox* sp.	50μm
26	博恩微芒藻	*Micractinium bornhemiensis*	20μm
27	月牙藻	*Selenastrum* sp.	10μm

续表

序号	名称	拉丁名	图　片
28	单角盘星藻具孔变种	*Pediastrum simplex* var. *duodenarium*	 20μm
29	四尾栅藻	*Scenedesmus quadricauda*	 20μm
30	空星藻	*Coelastrum* sp.	 10μm

序号	名称	拉丁名	图 片
31	毛枝藻	*Stigeoclonium* sp.	
32	水绵	*Spirogyra* sp.	
33	角丝鼓藻	*Desmidium* sp.	

序号	名称	拉丁名	图　片
34	角星鼓藻	*Staurastrum* sp.	
35	裸藻	*Euglena* sp.	
36	囊裸藻	*Trachelomonas* sp.	

序号	名称	拉丁名	图　片
37	扁裸藻	*Phacus* sp.	20μm
38	鳞孔藻	*Lepocinclis* sp.	20μm
39	分歧锥囊藻	*Dinobryon divergens*	20μm

序号	名称	拉丁名	图　片
40	鱼鳞藻	*Mallomonas* sp.	
41	黄群藻	*Synura* sp.	
42	隐藻	*Cryptomonas* sp.	

2.3 藻类的密度

鄱阳湖流域大型湖泊和水库的藻类密度普遍不高（图 2.6），大多数维持在 1×10^6 cells/L 左右，其中飞剑潭水库夏秋季节和冬春季节的藻类密度均超过 1×10^7 cells/L，分别达 6.62×10^7 cells/L、6.98×10^7 cells/L。夏秋季节湖泊的藻类密度均值为 1.76×10^7 cells/L，大型水库为 1.05×10^7 cells/L；冬春季节湖泊的藻类密度均值为 4.98×10^6 cells/L，大型水库为 7.58×10^6 cells/L。

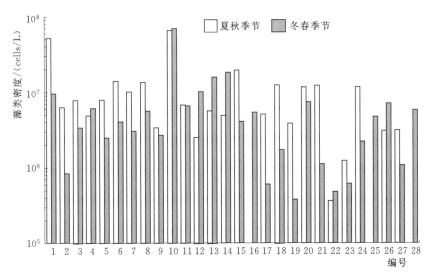

图 2.6 鄱阳湖流域大型湖泊和水库藻类密度情况

2.4 藻类多样性指数

鄱阳湖流域大型湖泊和水库夏秋季节与冬春季节的藻类多样性指数见表 2.4，主要包括物种数（S）、Margalef 丰富度指数（d）、Shannon 多样性指数（H）、Pielou 均匀度指数（J）。

大型水库夏秋季节藻类的种类数变化范围为 $2 \sim 13$，平均值为 6.5 种；Margalef 丰富度指数变化范围为 $0.06 \sim 0.74$，平均值为 0.35；Shannon 多样性指数变化范围为 $0.003 \sim 1.85$，平均值为 0.92；Pielou 均匀度指数变化范围为 $0.005 \sim 0.94$，平均值为 0.5。冬春季节种类数变化范围为 $3 \sim 15$，平均值为 7.9；Margalef 丰富度指数变化范围为 $0.14 \sim 0.85$，平均值为 0.46；Shannon

表 2.4 　　　　　　　　鄱阳湖流域大型湖泊和水库藻类多样性指数

编号	名称	夏 秋 季 节				冬 春 季 节			
		S	d	H	J	S	d	H	J
1	鄱阳湖	43	2.7260	2.3311	0.6198	10	0.6515	1.7775	0.7719
2	柘林湖	3	0.1172	0.7425	0.6758	5	0.2461	0.5332	0.3313
3	仙女湖	8	0.4409	1.5255	0.7336	9	0.5323	1.2402	0.5644
4	陡水湖	4	0.2264	0.8000	0.5771	6	0.3203	1.1127	0.6210
5	白云山水库	8	0.4410	1.1759	0.5655	10	0.6112	2.0276	0.8806
6	滨田水库	9	0.4860	1.2382	0.5635	7	0.3939	1.2265	0.6303
7	大坳水库	4	0.1859	0.7635	0.5508	6	0.3349	1.1120	0.6206
8	大塅水库	10	0.5478	1.0568	0.4590	7	0.3857	0.8343	0.4287
9	东津水库	2	0.0664	0.6497	0.9374	10	0.6079	1.8430	0.8004
10	飞剑潭水库	2	0.0555	0.0033	0.0047	7	0.3322	0.0872	0.0448
11	共产主义水库	12	0.6987	1.7109	0.6885	5	0.2544	0.8782	0.5457
12	洪门水库	5	0.2716	1.0636	0.6608	10	0.5582	1.6022	0.6958
13	军民水库	6	0.3215	1.0460	0.5838	15	0.8456	2.0037	0.7399
14	老营盘水库	8	0.4546	1.5438	0.7424	4	0.1793	0.1421	0.1025
15	南车水库	9	0.4765	0.3223	0.1467	10	0.5909	1.5412	0.6693
16	潘桥水库	—	—	—	—	9	0.5160	0.9490	0.4319
17	七一水库	2	0.0648	0.0398	0.0575	3	0.1502	0.5566	0.5067
18	山口岩水库	7	0.3671	0.8737	0.4490	5	0.2779	0.5806	0.3608
19	上游水库	9	0.5273	1.4183	0.6455	6	0.3894	1.7541	0.9790
20	社上水库	6	0.3072	0.3389	0.1892	14	0.8216	1.6381	0.6207
21	团结水库	13	0.7352	1.6145	0.6294	9	0.5734	1.8140	0.8256
22	万安水库	3	0.1561	0.5661	0.5153	5	0.3053	1.3636	0.8472
23	油罗口水库	7	0.4268	1.5992	0.8218	8	0.5254	1.9207	0.9237
24	长冈水库	4	0.1841	0.1061	0.0766	7	0.4103	1.5226	0.7825
25	紫云山水库	—	—	—	—	11	0.6284	0.9975	0.4160
26	峡江水利枢纽	3	0.1337	0.3417	0.3110	3	0.1438	0.7086	0.6450
27	界牌航电枢纽	8	0.5127	1.8538	0.8915	8	0.4769	1.5984	0.7687
28	廖坊水利枢纽	—	—	—	—	12	0.6968	1.8300	0.7364

注 　S 为物种数；d 为 Margalef 丰富度指数；H 为 Shannon 多样性指数；J 为 Pielou 均匀度指数。

多样性指数变化范围为 0.09～2.03，平均值为 1.27；Pielou 均匀度指数变化范围为 0.04～0.98，平均值为 0.63。

湖泊夏秋季节藻类的种类数变化范围为 3～43 种，平均值为 14.5 种；Margalef 丰富度指数变化范围为 0.12～2.73，平均值为 0.88；Shannon 多样性指数变化范围为 0.74～2.33，平均值为 1.35；Pielou 均匀度指数变化范围为 0.58～0.73，平均值为 0.65。冬春季节种类数变化范围为 5～10，平均值为 7.5 种；Margalef 丰富度指数变化范围为 0.25～0.65，平均值为 0.44；Shannon 多样性指数变化范围为 0.53～1.78，平均值为 1.17；Pielou 均匀度指数变化范围为 0.33～0.77，平均值为 0.57。

2.5 蓝藻的密度和生物量

鄱阳湖流域大型湖泊和水库蓝藻的密度和生物量情况见图 2.7 和图 2.8，飞剑潭水库夏秋季节和冬春季节分别达到 6.6×10^7 cells/L、6.9×10^7 cells/L，其他湖泊和水库维持在 1×10^7 cells/L 内，大部分为 $1 \times 10^5 \sim 1 \times 10^6$ cells/L。夏秋季节蓝藻密度均值为 7.85×10^6 cells/L，冬春季节均值为 4.47×10^6 cells/L。蓝藻生物量最高的是飞剑潭水库，夏秋季节为 13.23mg/L、冬春季节为 13.81mg/L。大坳水库夏秋季节、山口岩水库夏秋季节、峡江水利枢纽夏秋季节、廖坊水利枢纽冬春季节和鄱阳湖冬春季节的蓝藻生物量分别达到

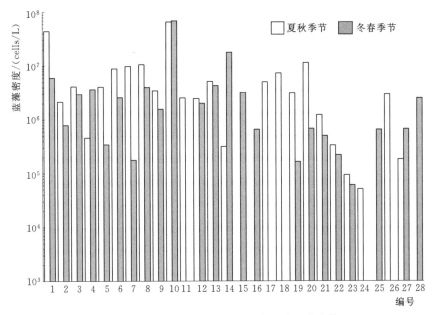

图 2.7　鄱阳湖流域大型湖泊和水库蓝藻的密度情况

9.65mg/L、7.31mg/L、5.75mg/L、4.42mg/L、3.29mg/L，其他水体都维持在 3mg/L 以下，大部分为 0.5mg/L 左右。

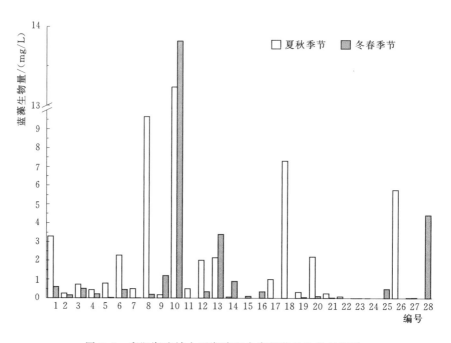

图 2.8 鄱阳湖流域大型湖泊和水库蓝藻的生物量情况

图 2.9 所示为鄱阳湖流域大型湖泊和水库蓝藻密度和生物量的比例，其中夏秋季节蓝藻密度超过 60% 的有 13 个，分别是鄱阳湖、滨田水库、大坳水库、大塅水库、东津水库、飞剑潭水库、洪门水库、军民水库、七一水库、上游水库、社上水库、万安水库、峡江水利枢纽；蓝藻生物量超过 60% 的有 8 个，分别是陡水湖、东津水库、飞剑潭水库、洪门水库、七一水库、社上水库、万安水库、峡江水利枢纽。冬春季节蓝藻密度超过 60% 的有 10 个，分别是鄱阳湖、柘林湖、仙女湖、陡水湖、滨田水库、大塅水库、飞剑潭水库、老营盘水库、南车水库、界牌航电枢纽；蓝藻生物量比例超过 60% 的有 3 个，分别是飞剑潭水库、老营盘水库、潘桥水库。夏秋季节蓝藻密度和生物量占比都超过 60% 的有 6 个，分别是东津水库、飞剑潭水库、七一水库、社上水库、万安水库、峡江水利枢纽；冬春季节蓝藻密度和生物量占比都超过 60% 的有 2 个，分别是飞剑潭水库、老营盘水库。夏秋季节蓝藻密度和生物量都占优势的水库比春冬季节要多。

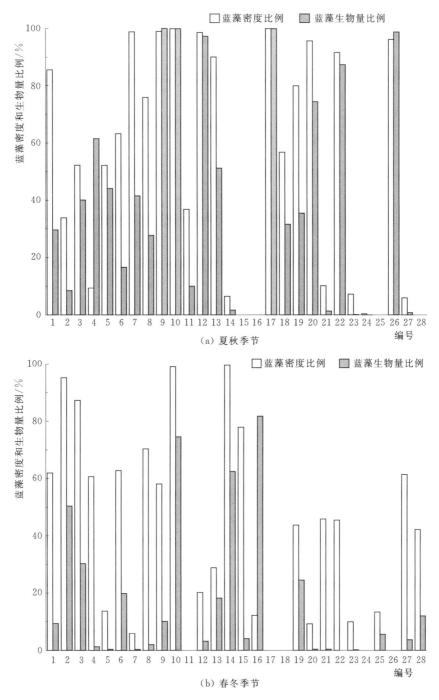

图 2.9 鄱阳湖流域大型湖泊和水库蓝藻密度和生物量的比例

2.6　小结

鄱阳湖流域特大型水库营养状况以中营养为主，只有洪门水库、军民水库和南车水库处于轻度富营养化状态，水库整体富营养化水平较低。大型湖泊中仙女湖夏秋季节处于中营养化状态，鄱阳湖、柘林湖和陡水湖处于中营养状态。总体而言，鄱阳湖流域大型湖泊和水库营养盐负荷较低，未发现有富营养化情况较严重的水体。

所调查的 24 座大型水库中包括 6 座以发电为主的水库和 18 座以灌溉饮用为主的水库。通常情况下以发电为主的水库出库水流多为底层水，而以灌溉饮用为主的水库出库水流以表层水为主，排放水流的方式不同一定程度上影响了水库富营养化的进程。以发电为主的水库，水位落差较大、水流量大，水滞留时间短，泥沙含量大，水体浑浊，透明度低，不利于浮游藻类的生长。

有些水库的部分指标（如总氮、总磷）存在超标情况，可能与大量施用化肥农药、畜禽养殖污染、居民生活污染、工业废水有关。除部分水利枢纽位于城市附近外，大部分大型水库位于远离人烟的大山里，不存在对营养盐负荷贡献较大的影响因素，因此大型水库的总体营养盐指标较低。当前大型水库的污染负荷较低，但应继续采用多种措施控制水库的营养负荷，包括有效控制农村面源污染、落实退耕还林政策、加强对城镇生活污水和生活垃圾的管理、做好重点污染源的治理。

通常情况下，湖泊优势种以蓝藻或绿藻为主，尤其是富营养化湖泊，水库优势种以绿藻为主。本次调查中大型湖泊和水库藻类种类的组成以绿藻门和硅藻门为主，藻类密度总体不高，极少数超过 $1 \times 10^7 \, \text{cells/L}$，大部分维持在 $1 \times 10^6 \, \text{cells/L}$ 左右。本次调查中湖泊和水库的蓝藻密度大多维持在 $1 \times 10^6 \, \text{cells/L}$ 内，只有飞剑潭水库夏秋季节和冬春季节蓝藻密度均超过 $1 \times 10^7 \, \text{cells/L}$，优势种群为颤藻，可能在特定条件下暴发水华，其他水库和湖泊蓝藻密度较低，水华暴发风险较低。

从蓝藻的生物量来看，飞剑潭水库夏秋季节和冬春季节的生物量很高，这与其蓝藻密度较高是相适应的。大部分水体蓝藻生物量很低，处于 $3 \, \text{mg/L}$ 以下，蓝藻水华暴发风险较低。从各个湖泊和水库的蓝藻密度和生物量占比来看，部分蓝藻密度占比较高的水体生物量占比并不高，如鄱阳湖、滨田水库、大墈水库、军民水库；部分水体蓝藻密度占比和生物量占比都比较高，如陡水湖、飞剑潭水库、洪门水库、七一水库、万安水库、峡江水利枢纽。这与蓝藻各个种类的细胞大小差异有关，当蓝藻细胞较小时，尽管蓝藻密度很高，生物量仍处于较低水平。因此，在关注蓝藻密度的同时需要关注蓝藻的生物量，对密度和生物量都比较高的水体须引起重视，其蓝藻水华暴发风险较高。

第 3 章

鄱阳湖主要入湖河流藻类
现状与水华风险

随着工业化及城镇化进程的加快，江西省用水量和排污量增加，农业生产和水土流失等造成的面源污染逐年加剧，河流水环境逐渐恶化。据《江西省环境质量报告书》统计，2001—2008 年，鄱阳湖流域五大水系水质在 II 类及以上的比例均呈下降趋势，河流局部水污染严重，部分河流支流和各水系流经城镇的局部河段存在不同程度的污染带，入河污水排放总量逐年上升，废污水排放量以平均每年约 1 亿 t 的速度在递增（涂安国，2011）。鄱阳湖流域内主要河流都不同程度地存在生态环境脆弱、水土流失严重、面源污染、局部水域污染、水资源供需矛盾突出等诸多水生态环境问题。

为掌握鄱阳湖流域主要河流的富营养化程度、藻类现状和蓝藻水华暴发风险，于 2015—2017 年夏秋季节和冬春季节对鄱阳湖流域主要河流开展了水质和藻类调查（表 3.1）。其中清丰山溪夏秋季节未开展调查。

表 3.1   鄱阳湖流域主要河流基本情况

序号	名　称	流域面积/km²	序号	名　称	流域面积/km²
1	赣江	82809	7	清丰山溪	2253
2	抚河	16493	8	博阳河	1220
3	修河	14797	9	潼津水	978
4	信江	17599	10	徐埠港	231
5	乐安河	8989	11	漳田河	1970
6	昌江	7036			

3.1 水质评价

3.1.1 营养盐指标

鄱阳湖流域主要河流总氮情况见图 3.1，夏秋季节总氮浓度平均值为

1.02mg/L，最大值为徐埠港 2.57mg/L，最小值为昌江 0.48mg/L；冬春季节
平均值为 1.86mg/L，最大值为徐埠港 3.73mg/L，最小值为漳田河 0.74mg/L。
冬春季节总氮的平均值和最大值均高于夏秋季节，其中冬春季节昌江、信江、
徐埠港总氮分别达 3.12mg/L、2.6mg/L、3.73mg/L，夏秋季节徐埠港总氮
达 2.57mg/L。总氮负荷较低的是修河和漳田河。

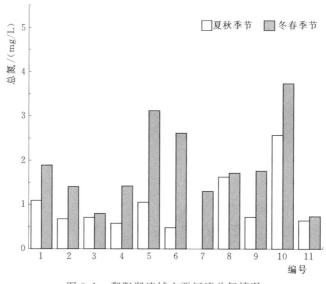

图 3.1　鄱阳湖流域主要河流总氮情况

鄱阳湖流域主要河流总磷情况见图 3.2，夏秋季节总磷浓度平均值为

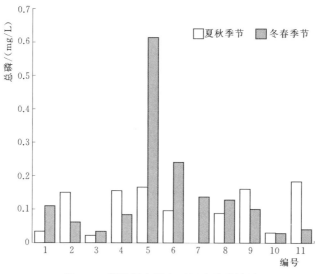

图 3.2　鄱阳湖流域主要河流总磷情况

0.11mg/L，最大值为漳田河 0.18mg/L，最小值为修河 0.02mg/L；冬春季节平均值为 0.14mg/L，最大值为乐安河 0.61mg/L，最小值为徐埠港 0.03mg/L。乐安河冬春季节的总磷达 0.61mg/L，为劣 V 类水。总磷浓度最低的是修河夏秋季节 0.02mg/L，处于Ⅱ类水。徐埠港总磷夏秋季节和冬春季节分别为 0.03mg/L、0.29mg/L，处于Ⅱ类水级别。赣江夏秋季节和冬春季节均低于 0.2mg/L，为Ⅲ类水。

鄱阳湖流域主要河流高锰酸盐指数情况见图 3.3，夏秋季节高锰酸盐指数平均值为 2.7mg/L，最大值为抚河 3.78mg/L，最小值为信江 2.04mg/L；冬春季节高锰酸盐指数平均值为 2.88mg/L，最大值为潼津水 5.27mg/L，最小值为修河 1.44mg/L。冬春季节与夏秋季节高锰酸盐指数接近且处于较低水平，除潼津水为Ⅲ类水外，其他都维持在地表水环境质量标准Ⅱ类以内。

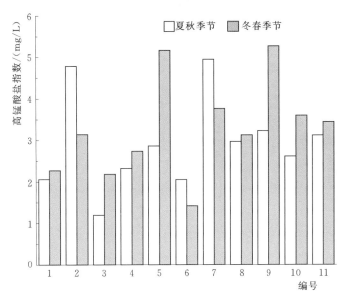

图 3.3　鄱阳湖流域主要河流高锰酸盐指数情况

鄱阳湖流域主要河流叶绿素情况见图 3.4，夏秋季节叶绿素浓度平均值为 3.9μg/L，最大值为昌江 8.09μg/L，最小值为徐埠港 1.66μg/L；冬春季节叶绿素浓度平均值为 7.55μg/L，最大值为徐埠港 25.58μg/L，最小值为修河 1.43μg/L。叶绿素浓度普遍较低，仅有潼津水、徐埠港、漳田河冬春季节大于 10μg/L。叶绿素含量通常指示水体藻类的生物量大小，处于较低水平的叶绿素表明鄱阳湖流域主要河流的藻类总体生物量较小，藻类水华风险较低。

鄱阳湖流域主要河流透明度情况见图 3.5，夏秋季节平均值为 0.59m，最大值为修河 2.0m，最小值为漳田河 0.12m；冬春季节平均值为 0.55m，最大

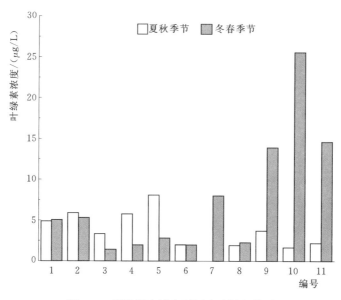

图 3.4　鄱阳湖流域主要河流叶绿素情况

值为修河 1.15m，最小值为清丰山溪 0.2m。

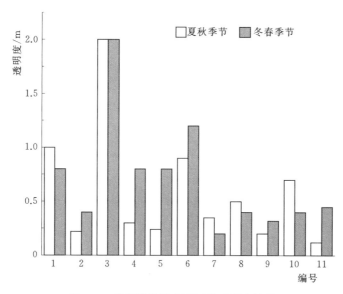

图 3.5　鄱阳湖流域主要河流透明度情况

3.1.2　水质评价

水质评价是水资源管理工作的重要基础，采用科学合理的水质评价方法能准确地反映当前的水体质量和污染状况。单因子评价法是当前我国环保部门普遍采用的水质评价方法，参考《地表水环境质量标准》（GB 3838—2002），其方法是用水体各监测项目的监测结果对照该项目的分类标准，确定该项目的水质类别，在所有项目的水质类别中选取水质最差类别作为水体的水质类别。

鄱阳湖流域主要河流的水质状况见表 3.2，赣江全年水质为Ⅱ类，夏秋季节水质为Ⅱ类、冬春季节水质为Ⅱ类；抚河全年水质为Ⅲ类，夏秋季节水质为Ⅲ类，冬春季节水质为Ⅱ类；修河全年水质为Ⅱ类，夏秋季节和冬春季节水质为Ⅱ类；信江全年水质为Ⅲ类，夏秋季节水质为Ⅲ类、冬春季节水质都为Ⅱ类；饶河水系中的乐安河全年水质为Ⅴ类，夏秋季节水质为Ⅲ类，冬春季节水质为劣Ⅴ类，昌江全年水质为Ⅲ类，夏秋季节水质为Ⅲ类，冬春季节水质为Ⅳ类。其他鄱阳湖支流如清丰山溪、博阳河、潼津水、徐埠港、漳田河水质在Ⅲ类左右。

表 3.2 　　　　　　　　　　鄱阳湖流域主要河流水质状况

编号	名称	全年水质	夏秋季节水质	冬春季节水质
1	赣江	Ⅱ类	Ⅱ类	Ⅱ类
2	抚河	Ⅲ类	Ⅲ类	Ⅱ类
3	修河	Ⅱ类	Ⅱ类	Ⅱ类
4	信江	Ⅲ类	Ⅲ类	Ⅱ类
5	乐安河	Ⅴ类	Ⅲ类	劣Ⅴ类
6	昌江	Ⅲ类	Ⅲ类	Ⅳ类
7	清丰山溪	Ⅲ类	—	Ⅲ类
8	博阳河	Ⅲ类	Ⅱ类	Ⅲ类
9	潼津水	Ⅲ类	Ⅲ类	Ⅲ类
10	徐埠港	Ⅱ类	Ⅱ类	Ⅱ类
11	漳田河	Ⅲ类	Ⅲ类	Ⅱ类

鄱阳湖流域主要河流的水质大部分维持在Ⅲ类，整体情况良好。但饶河水系的乐安河水质为劣Ⅴ类，水质较差，可能原因是持续不断地接收城市和乡镇点源污染和上游下泄污染源，营养负荷大。其中，修河的水质是所有河流中最好的，全年水质维持在Ⅱ类，主要是柘林湖水质良好对修河水质起到较好的促进作用。

3.2　藻类的种类组成

本次调查共鉴定藻类 8 门 44 属 46 种，其中蓝藻 8 属 8 种，绿藻 16 属 17

种，硅藻 11 属 11 种，裸藻 2 属 3 种，金藻 2 属 2 种，甲藻 3 属 3 种，黄藻 1 属 1 种，隐藻 1 属 1 种，以绿藻为主，硅藻和蓝藻次之，其他门类的藻类种类数较少。

3.3　藻类的密度

鄱阳湖流域主要河流的藻类细胞密度（见图 3.6）维持在 $1 \times 10^5 \sim 1 \times 10^7$ cells/L 之间，大多数维持在 1×10^6 cells/L 左右。对比分析河流的藻类密度均值发现，夏秋季节河流的藻类密度均值为 1.7×10^6 cells/L；冬春季节河流的藻类密度均值为 2.64×10^6 cells/L。运用显著性分析发现，河流夏秋季节和冬春季节的藻类密度均值有显著性差异，表明夏秋季节的藻类密度显著低于冬春季节。

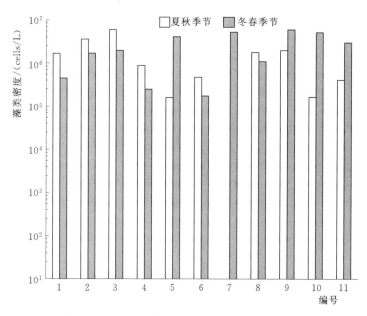

图 3.6　鄱阳湖流域主要河流的藻类细胞密度情况

3.4　藻类多样性指数

鄱阳湖流域主要河流藻类多样性指数情况见表 3.3。河流夏秋季节藻类的种类数变化范围为 $2 \sim 13$，平均值为 6.7；Margelef 丰富度指数变化范围为 $0.08 \sim 0.77$，平均值为 0.4；Shannon 多样性指数变化范围为 $0.32 \sim 1.87$，平均值为 1.18；Pielou 均匀度指数变化范围为 $0.46 \sim 0.91$，平均值为 0.68。冬春季节藻类的种类数变化范围为 4～19，平均值为 9；Margalef 丰富度指数变化范围为 0.20～1.38，平均值为 0.56；Shannon 多样性指数变化范围为 0.76～2.30，平均值为 1.5；Pielou 均匀度指数变化范围为 0.55～0.96，平均值为 0.74。

表 3.3　　　　　　　　　　鄱阳湖流域主要河流藻类多样性指数

编号	名称	夏 秋 季 节				冬 春 季 节			
		S	d	H	J	S	d	H	J
1	赣江	8	0.4660	1.3576	0.6529	4	0.2050	0.7592	0.5477
2	抚河	12	0.7289	1.5887	0.6393	13	0.8374	2.2997	0.8966
3	修河	13	0.7692	1.3432	0.5237	7	0.4141	1.0934	0.5619
4	信江	4	0.2192	0.7545	0.5442	5	0.3219	1.4271	0.8867
5	乐安河	2	0.0835	0.5004	0.7219	11	0.6565	1.8115	0.7555
6	昌江	2	0.0766	0.3251	0.4690	4	0.2487	1.3322	0.9610
7	清丰山溪	—	—	—	—	4	0.2367	1.1230	0.8101
8	博阳河	10	0.6283	1.8756	0.8146	19	1.3832	2.1005	0.7134
9	潼津水	5	0.3095	1.4681	0.9122	17	1.0341	1.9009	0.6709
10	徐埠港	5	0.3331	1.1286	0.7012	7	0.3882	1.3716	0.7049
11	漳田河	6	0.3871	1.4979	0.8360	8	0.4695	1.2873	0.6190

注　S 为物种数；d 为 Margalef 丰富度指数；H 为 Shannon 多样性指数；J 为 Pielou 均匀度指数。

3.5　蓝藻的密度和生物量

鄱阳湖流域河流蓝藻密度情况见图 3.7，最高的是修河夏秋季节，为 $3.7×10^6$ cells/L，最低的为乐安河和昌江，未发现蓝藻。夏秋季节蓝藻均值为 $8.74×10^5$ cells/L，冬春季节均值为 $1.13×10^6$ cells/L。总体来看，鄱阳湖流域主要河流蓝藻的密度与暴发蓝藻水华的阈值相差较大，通常情况下蓝藻密度在 $1×10^8$ cells/L 以上时易暴发水华。

蓝藻生物量见图 3.8，最高的是潼津水冬春季节蓝藻生物量为 2.54mg/L，其次为抚河夏秋季节蓝藻生物量为 1.86mg/L、抚河冬春季节蓝藻生物量为 1.02mg/L、博洋河夏秋季节蓝藻生物量为 0.59mg/L，其他河流蓝藻生物量值均小于 0.5mg/L。夏秋季节生物量均值为 0.3mg/L，冬春季节蓝藻生物量均值为 0.42mg/L，鄱阳湖流域主要河流的蓝藻生物量较低，蓝藻水华风险较小。

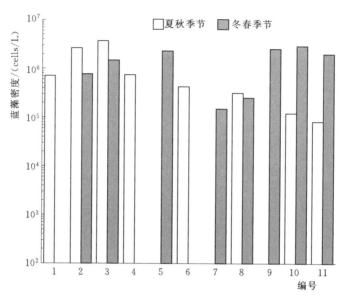

图 3.7　鄱阳湖流域主要河流蓝藻密度情况

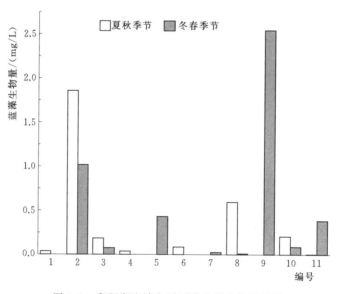

图 3.8　鄱阳湖流域主要河流蓝藻生物量情况

　　图 3.9 显示的是鄱阳湖流域主要河流蓝藻密度和生物量的比例，其中夏秋季节蓝藻密度超过 60% 的有 4 个，分别是抚河、修河、昌江、徐埠港，蓝藻生物量超过 60% 的有 1 个，为徐埠港；冬春季节蓝藻密度超过 60% 的有 2 个，分别是修河和漳田河。其中夏秋季节蓝藻密度和生物量占比都超过 60% 的是

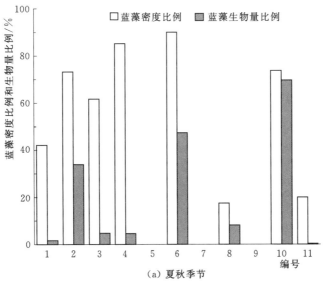

（a）夏秋季节

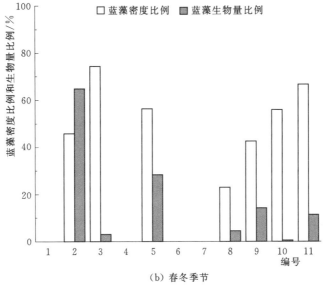

（b）春冬季节

图 3.9　鄱阳湖流域主要河流蓝藻密度和生物量的比例

徐埠港。其中赣江冬春季节、乐安河夏秋季节、昌江冬春季节、漳田河夏秋季节未鉴定出蓝藻。夏秋季节蓝藻密度比例和生物量比例差距明显的有赣江、抚河、修河、信江、昌江、漳田河，春冬季节蓝藻密度比例和生物量比例差距明显的有修河、乐安河、博阳河、徐埠港、漳田河。由此可以看出，尽管一些河流蓝藻密度占比较高，但其生物量占比较低，主要原因是部分蓝藻细胞较小，在数量占优势的情况下生物量并没有明显增加。

3.6 小结

鄱阳湖流域主要河流的水质大部分维持在Ⅲ类，整体情况良好。但饶河水系的乐安河为Ⅴ类，水质较差，原因可能是持续不断地接收城市和乡镇点源污染和上游下泄污染源，营养负荷大。其中修河的水质是所有河流中最好的，基本维持在Ⅱ类，主要原因是柘林湖水质良好对修河水质起到较好的促进作用。

通常情况下，河流优势种以硅藻和绿藻为主，本次调查的藻类组成以绿藻门和硅藻门为主。藻类细胞密度不高，在 $1 \times 10^5 \sim 1 \times 10^7 \, cells/L$ 之间，大多数在 $1 \times 10^6 \, cells/L$ 左右，夏秋季节与冬春季节不存在显著性差异。从蓝藻的生物量来看，夏秋季节生物量均值为 0.3mg/L，冬春季节生物量均值为 0.42mg/L，最高的为潼津水冬春季节 2.54mg/L。由于夏秋季节水量充足、水体流动快，不利于蓝藻生长，夏秋季节蓝藻生物量要小于冬春季节。总体而言，蓝藻生物量均值很低，蓝藻水华暴发风险较低，这与河流水体的流动性有较大关系。

河流与湖泊最显著的差别在于水动力条件，河流的流速、流量等水动力条件通过直接和间接作用影响藻类的生长、发展及空间分布。不同于湖泊水华，河流流动性较强，水华暴发时的河流水文状况、水温和降水等物理因素往往比营养盐水平等更为重要。在大型水利工程建设和实施影响背景下，上游工程蓄水、调水将可能引发下游不同程度的水文情势变化，从而改变河段径流过程，直接影响水体降解系数、自净能力、底泥吸附能力，进一步影响河流中藻类的分布和生长，加上人类排污产生的污染负荷，进一步增加河流水生态环境退化风险。尽管鄱阳湖流域河流蓝藻密度和生物量处于比较低的水平，但仍不能忽视一定水文和气象条件下暴发蓝藻水华的风险。

第4章

鄱阳湖主湖区及边缘水体藻类
现状与水华风险

　　最早记录鄱阳湖藻类情况的是《中国湖泊志》，鄱阳湖中有浮游藻类8门54科151属，其中绿藻门75属、硅藻门31属、蓝藻门25属、金藻门和裸藻门各6属，黄藻门4属、甲藻门3属、隐藻门1属。浮游藻类的数量，年平均为$47.6×10^4$ cells/L。各门藻类的平面分布几乎为全湖性的，无论是在入湖河口、湖心敞水区、沿岸带及入江水道，均有分布。只是由于湖泊各区域的生态环境和季节变化的差异，各区域的种类和数量有所不同。赛湖共发现浮游藻类41属，其中蓝藻门9属、绿藻门11属、硅藻门12属、裸藻门2属、金藻门3属、甲藻门2属、黄藻门1属、隐藻门1属。藻类细胞数量为$9.27×10^7$ cells/L，生物量为8.875mg/L（王苏民等，1998）。

　　鄱阳湖藻类的研究最为广泛而详细，谢钦铭（2000）1987—1993年对鄱阳湖的研究鉴定出藻类8门153属319种，绿藻门83属169种、蓝藻门25属43种、硅藻门32属73种、隐藻门1属2种，全年藻类密度均值为$5.15×10^5$ cells/L。王天宇（2004）对鄱阳湖1999年春秋两季的藻类种类组成和多样性进行了研究，分别发现藻类68种和178种，密度分别为$1.76×10^7$ cells/L和$2.4×10^6$ cells/L，生物量分别为21mg/L和2.1mg/L，并通过多样性指数的分析表明鄱阳湖具有富营养化的趋势。随着2009年《鄱阳湖生态经济区规划》的实施，对鄱阳湖的各项科学研究得到迅速发展。2012年至今，刘建辉、柴文波、王艺兵等分别对鄱阳湖藻类的种类组成、数量和多样性进行了研究（柴文波，2013；刘建辉，2013；王艺兵等，2015）。同时，对鄱阳湖藻类特征和新记录种的描述也见诸报端，徐彩平等（2012）发现了鄱阳湖水华蓝藻的新记录种——旋折平裂藻，李守淳等（2014）观察到鄱阳湖水华蓝藻的一个新记录属——气丝藻属，吴召仕等（2014）记录了鄱阳湖的水网藻水华情况，杨平（2014）对鄱阳湖微囊藻属的形态多样性进行了详细的描述。另外，还有许多报道探讨了鄱阳湖藻类的毒素及其影响。徐海滨等（2003）、隋海霞等（2004，2007）研究了鄱阳湖中藻毒素的污染及其在鱼体内累积的情况，金静等（2007）也探究了鄱阳湖春夏两季微囊藻毒素的污染情况，柴文波（2013）利用 real-time PCR 和 HPLC 对鄱阳湖微囊藻毒素的分布和产微囊藻毒素藻株的种类和产量进行了探讨。

为了解和掌握鄱阳湖区及周边水体藻类现状和蓝藻水华风险，笔者于2013—2014 年选取鄱阳湖主湖区和周边 10 个水体进行了调查，根据湖泊大小及其特点设置，鄱阳湖主湖区 30 个采样点，军山湖 9 个采样点，珠湖 5 个采样点，赛湖 4 个采样点，赤湖 4 个采样点，南北湖、陈家湖及太泊湖各 3 个采样点，七里湖及新妙湖各 2 个采样点。

4.1　富营养化评价

4.1.1　营养盐指标

图 4.1 所示为鄱阳湖区湖泊总氮浓度情况，秋季的范围为 0.21～1.27mg/L，夏季为 0.67～3.90mg/L。总体而言，夏季的总氮浓度要高于秋季，仅太泊湖例外。秋季总氮浓度最高的为南北湖，达 1.27mg/L，最低的是新妙湖，为0.21mg/L。夏季总氮浓度最高的是七里湖，达 3.92mg/L，最低的为珠湖，为 0.67mg/L。依照总氮的富营养化阈值，发现除珠湖、军山湖、赛湖及新妙湖秋季外，其他湖泊都处于富营养化状态，个别湖泊达到超富营养化状态。

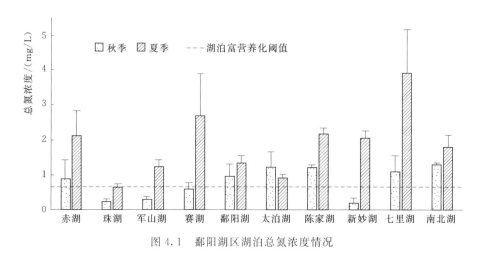

图 4.1　鄱阳湖区湖泊总氮浓度情况

图 4.2 显示秋季的总磷浓度范围为 0.05～0.42mg/L，夏季为 0.02～0.14mg/L。秋季最高的为七里湖，达 0.42mg/L，最低的是赤湖，仅为

0.05mg/L。夏季浓度最高的是新妙湖，达 0.14mg/L，最低的也是赤湖，为
0.02mg/L。从富营养化阈值来看，几乎所有湖泊都已处于富营养化状态。

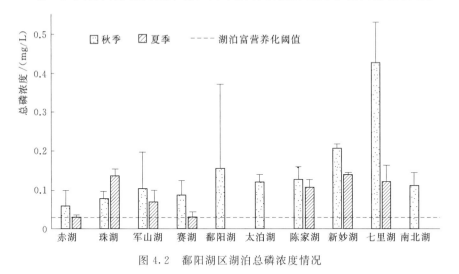

图 4.2　鄱阳湖区湖泊总磷浓度情况

图 4.3 显示秋季高锰酸盐指数的范围为 2.86～8.5mg/L，夏季为 2.19～
23.00mg/L。在秋季赛湖的高锰酸盐指数最高，达 8.51mg/L，鄱阳湖的高锰
酸盐指数最低，为 2.86mg/L；在夏季，南北湖的高锰酸盐指数最高，达
23.20mg/L，珠湖的高锰酸盐指数最低，为 2.19mg/L。总体而言，夏季的高
锰酸盐指数高于秋季，仅赤湖和赛湖夏季的高锰酸盐指数低于秋季。

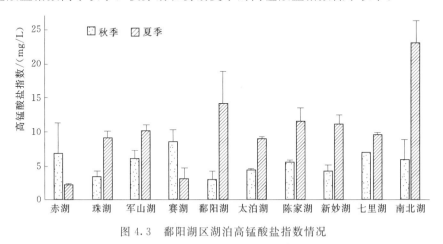

图 4.3　鄱阳湖区湖泊高锰酸盐指数情况

图 4.4 显示的是 2013 年 10 月与 2014 年 7 月的透明度，秋季范围为
0.13～1.66m，夏季范围为 0.29～1.60m 透明度。秋季透明度最高的湖泊为
赤湖，达到 1.66m，最低的为新妙湖，仅 0.13m；夏季最高的也是赤湖，为

1.60m，最低的是新妙湖，为 0.29m。另外，军山湖夏季的透明度达到
1.34m，珠湖秋夏两季的透明度相比而言也较高，其他湖泊透明度在 0.50m
左右。从透明度的富营养化阈值来看，所有的湖泊都处于富营养化状态。

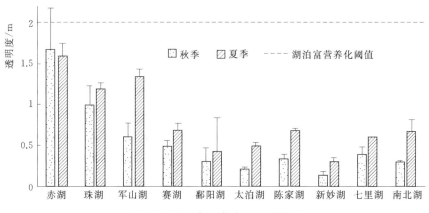

图 4.4　鄱阳湖区湖泊透明度情况

　　图 4.5 显示秋季叶绿素 a 浓度范围在 4.35～100.02μg/L 之间，夏季在
7.76～105.00μg/L 之间。在秋季，太泊湖最高，达 100.02μg/L，鄱阳湖最
低，仅为 4.35μg/L；在夏季，七里湖最高，达 105.25μg/L，珠湖最低，为
7.76μg/L。总体来说，陈家湖、南北湖、太泊湖和七里湖的叶绿素 a 浓度都
很高，维持在 40μg/L 以上，表明这些湖泊中藻类的密度很高，这些湖泊已经
处于超富营养化状态。赛湖和新妙湖在秋季的叶绿素 a 浓度都很高，维持在
20～30μg/L 之间，表明这些湖泊中藻类的密度较高，接近超富营养化。但这
两个湖泊在夏季藻密度明显升高，表现为超富营养化状态。而赤湖、军山湖、

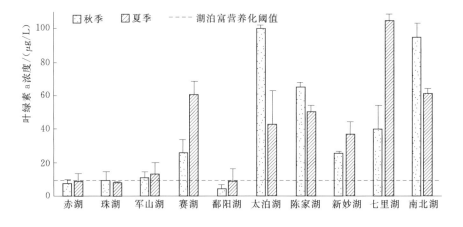

图 4.5　鄱阳湖区湖泊叶绿素 a 浓度情况

鄱阳湖和珠湖则低于 $20\mu g/L$，表明这些湖泊中藻类的密度相对较低。

4.1.2 富营养化评价

利用综合营养指数对鄱阳湖区湖泊的富营养化程度进行评价，TLI值及营养状况见表4.1。秋季TLI值的范围为40.3～64.8，新妙湖最低，南北湖最高。夏季TLI值的范围为45.2～69.6，赤湖最低，南北湖最高。

表 4.1　　　　　　　　　　　　鄱阳湖区湖泊的营养化状态

湖泊	秋　季		夏　季	
	TLI 值	营养状况	TLI 值	营养状况
赤湖	46.7±6.7	中营养	45.2±2.8	中营养
珠湖	41.1±2.2	中营养	50.3±0.6	轻度富营养
军山湖	48.6±2.1	中营养	54.1±2.5	轻度富营养
赛湖	61.4±4.6	中度富营养	58.0±4.2	轻度富营养
鄱阳湖	48.2±4.0	中营养	61.1±4.7	中度富营养
太泊湖	57.9±5.2	轻度富营养	61.1±2.2	中度富营养
陈家湖	62.7±0.5	中度富营养	65.3±1.1	中度富营养
新妙湖	40.3±2.9	中营养	67.4±1.7	中度富营养
七里湖	57.3±2.1	轻度富营养	69.4±1.3	中度富营养
南北湖	64.8±3.0	中度富营养	69.6±1.8	中度富营养

在秋季，陈家湖、南北湖和赛湖已处于中度富营养化水平，七里湖和太泊湖处于轻度富营养化水平，赤湖、军山湖、鄱阳湖、新妙湖和珠湖处于中营养水平。尽管各个湖泊的点位之间存在一定的差异，但总体而言鄱阳湖区湖泊的营养状况处于中营养与中度富营养化之间。

在夏季，10个湖泊中除赤湖外，均呈现不同程度的富营养化。其中军山湖、赛湖和珠湖处于轻度富营养化水平，陈家湖、南北湖、鄱阳湖、七里湖、太泊湖和新妙湖处于中度富营养化水平，仅赤湖处于中营养水平。中度富营养化湖泊占60%，说明夏季的富营养程度要比秋季高。

通过两次采样结果的比较，可以发现珠湖、军山湖、鄱阳湖和新妙湖等湖泊的营养化状态季节变化明显，其中鄱阳湖和新妙湖富营养化趋势更为明显，从秋季的中营养转变为夏季的中度富营养。而赤湖、陈家湖和南北湖则没有明显的季节变化，其中赤湖为中营养程度，表明该湖泊的营养状态较为稳定。而后两个湖泊表现为中度富营养化，表明该湖泊污染负荷较为严重。此外，赛湖在秋季表现为中度富营养化，但到夏季表现为轻微富营养化，表明富营养化趋势略有下降。

4.2 藻类的种类组成

4.2.1 鄱阳湖区藻类名录

通过 2013—2014 年的调查，鄱阳湖区湖泊共发现藻类共 8 门 108 属 220 种，其中蓝藻门 28 属 57 种、绿藻门 49 属 122 种、硅藻门 18 属 27 种、裸藻门 4 属 4 种、金藻门 2 属 3 种、甲藻门 4 属 4 种、黄藻门 2 属 2 种、隐藻门 1 属 1 种（表 4.2），图 4.6 展示了鄱阳湖区湖泊藻类种类占比情况。总体而言，鄱阳湖区湖泊的藻类组成以绿藻为主，其比例占总种类数的 56%，蓝藻次之，占 26%，硅藻的比例为 13%，其他门的藻类占比很小。

表 4.2   鄱 阳 湖 区 藻 类 名 录

蓝藻门 Cyanophyta			
拟鱼腥藻	*Anabaenopsis* sp.	胶质细鞘丝藻	*Leptolyngbya gelatinosa*
水华束丝藻	*Aphanizonmenon flos-aquae*	厚壁细鞘丝藻	*Leptolyngbya lagerheimii*
束丝藻	*Aphanizonmenon* sp.	细鞘丝藻	*Leptolyngbya* sp.
微小隐球藻	*Aphanocapsa delicatissima*	浮游泽丝藻	*Limnothrix planctonica*
细小隐球藻	*Aphanocapsa elachista*	泽丝藻	*Limnothrix* sp.
美丽隐球藻	*Aphanocapsa pulchra*	旋折平裂藻	*Merismopedia convoluta*
隐球藻	*Aphanocapsa* sp.	细小平裂藻	*Merismopedia minima*
灰绿隐杆藻	*Aphanothece pallida*	点形平裂藻	*Merismopedia punctata*
隐杆藻	*Aphanothece* sp.	平裂藻	*Merismopedia* sp.
极大节旋藻	*Arthrospira maximal*	微小平裂藻	*Merismopedia tenuissima*
节旋藻	*Arthrospira* sp.	屈氏平裂藻	*Merismopedia trolleri*
湖沼色球藻	*Chroococcus limneticus*	铜绿微囊藻	*Microcystis aerugionosa*
色球藻	*Chroococcus* sp.	微囊藻	*Microcystis* sp.
腔球藻	*Coelosphaerium* sp.	惠氏微囊藻	*Microcystis wesenbergii*
依沙矛丝藻	*Cuspidothrix issatschenkoi*	颤藻	*Oscillatoria* sp.
拉氏拟柱孢藻	*Cylinderspermopsis raciborskii*	席藻	*Phoridium* sp.
拟柱孢藻	*Cylinderspermopsis* sp.	环离浮鞘丝藻	*Planktolyngbya circumcreta*
蓝纤维藻	*Dactylococcopsis* sp.	浮鞘丝藻	*Planktolyngbya* sp.
紧密长孢藻	*Dolichospermum compacta*	阿氏浮丝藻	*planktothrix agardhii*
真紧密长孢藻	*Dolichospermum eucompacta*	等丝浮丝藻	*Planktothrix isothrix*
大湖长孢藻	*Dolichospermum oumiana*	浮丝藻	*Planktothrix* sp.
长孢藻	*Dolichospermum* sp.	湖生假鱼腥藻	*Pseudoanabaena limnetica*

蓝藻门 Cyanophyta			
高山立方藻	*Eucapsis alpina*	假鱼腥藻	*Pseudoanabaena* sp.
海蓝旋藻	*Glaucospira* sp.	弯形尖头藻	*Raphidiopsis curvata*
粘球藻	*Gloeocapsa* sp.	尖头藻	*Raphidiopsis* sp.
束球藻	*Gomphosphaeria* sp.	罗马藻	*Romeria* sp.
坑形细鞘丝藻	*Leptolyngbya foveolara*	螺旋藻	*Spirulina* sp.
螺旋长孢藻	*Dolichospermum spiroides*	乌龙藻	*Woronichinia* sp.
绿藻门 Chlorophyta			
粗刺藻	*Acanthosphaara zachariasi*	并联藻	*Quadrigula* sp.
河生集星藻	*Actinastrum fluviatile*	辐球藻	*Radiococcus* sp.
集星藻	*Actinastrum hantzschii*	齿牙栅藻	*Scenedesmus denticulatus*
针形纤维藻	*Ankistrodesmus acicularis*	丰富栅藻	*Scenedesmus abundans*
狭形纤维藻	*Ankistrodesmus angustus*	尖细栅藻	*Scenedesmus acuminatus*
卷曲纤维藻	*Ankistrodesmus convolutus*	弯曲栅藻	*Scenedesmus arcuatus*
镰形纤维藻	*Ankistrodesmus falcatus*	被甲栅藻	*Scenedesmus armatus*
纤维藻	*Ankistrodesmus* sp.	被甲栅藻博格变种	*Scenedesmus armatus* var. *boglariensis*
扎卡四棘藻	*Attheya zachariasi*	被甲栅藻博格变种双尾变型	*Scenedesmus armatus* var. *boglariensis* f. *bicaudatus*
湖生小桩藻	*Characium limneticum*	双对栅藻	*Scenedesmus bijuga*
衣藻	*Chlamydomonas* sp.	龙骨栅藻	*Scenedesmus carinatus*
椭圆小球藻	*Chlorella ellipsoidea*	二形栅藻	*Scenedesmus dimorphus*
蛋白核小球藻	*Chlorella pyrenoidosa*	斜生栅藻	*Scenedesmus obliquus*
小球藻	*Chlorella vulgaris*	椭圆栅藻	*Scenedesmus ovalternus*
纤毛顶棘藻	*Chodatella ciliata*	裂孔栅藻	*Scenedesmus perforatus*
长刺顶棘藻	*Chodatella longiseta*	扁盘栅藻	*Scenedesmus platydiscus*
十字顶棘藻	*Chodatella wratislaviensis*	四尾栅藻	*Scenedesmus quadricauda*
拟新月藻	*Closteriopsis longissima*	锯齿栅藻	*Scenedesmus serratus*
纤细新月藻	*Closterium gracile*	栅藻	*Scenedesmus* sp.
新月藻	*Closterium* sp.	多棘栅藻	*Scenedesmus spinosus*
胶球藻	*Coccomyxa dispar*	尖形栅藻	*Scenedesums acutiformis*
小空星藻	*Coelastrum microporum*	印度弓形藻	*Schroederia indica*
双钝顶鼓藻	*Cosmarium biretum*	硬弓形藻	*Schroederia robusta*
布莱鼓藻	*Cosmarium blyttii*	弓形藻	*Schroederia setigera*

	绿藻门 Chlorophyta		
光泽鼓藻	*Cosmarium candianum*	螺旋弓形藻	*Schroederia spiralis*
圆鼓藻	*Cosmarium criculare*	月牙藻	*Selenastrum bibraianum*
扁鼓藻	*Cosmarium depressum*	纤细月牙藻	*Selenastrum gracile*
鼓藻	*Cosmarium* sp.	小形月牙藻	*Selenastrum minutum*
顶锥十字藻	*Crucigenia apiculata*	小雪藻	*Snowella* sp.
四角十字藻	*Crucigenia quadrata*	球囊藻	*Sphaerocystis schroeteri*
十字藻	*Crucigenia* sp.	平顶顶接鼓藻	*Spondylosium planum*
四足十字藻	*Crucigenia tetrapedia*	顶接鼓藻	*Spondylosium* sp.
网球藻	*Dictyosphaerium ehrenbergianum*	钝齿角星鼓藻	*Staurastrum crenulatum*
棘球藻	*Echinosphaerella limnetica*	纤细角星鼓藻	*Staurastrum gracile*
纺锤藻	*Elakatothrix gelatinosa*	浮游角星鼓藻	*Staurastrum planctonicum*
凹顶鼓藻	*Euastrum* sp.	角星鼓藻	*Staurastrum* sp.
空球藻	*Eudorina elegans*	近曼弗角星鼓藻	*Staurastrum submanfeldtii*
被刺藻	*Franceia ovallis*	装饰角星鼓藻	*Staurastrum vestitum*
多芒藻	*Goelenkinia radiata*	芒状叉星鼓藻	*Staurodesmus aristiferus*
肥壮蹄形藻	*Kichneriella obesa*	尖头叉星鼓藻	*Staurodesmus cuspidatus*
扭曲蹄形藻	*Kirchneriella contorta*	叉星鼓藻	*Staurodesmus* sp.
蹄形藻	*Kirchneriella lunaris*	二叉四角藻	*Tetraedron bifurcatum*
微芒藻	*Micractinium pusillum*	具尾四角藻	*Tetraedron caudatum*
单尖藻	*Monoraphidium* sp.	微小四角藻	*Tetraedron minimum*
微细转板藻	*Mougeotia parvula*	整齐四角藻砧形变种	*Tetraedron regulare* var. *incus*
转板藻	*Mougeotia* sp.	四角藻	*Tetraedron* sp.
肾形藻	*Nephrocytium agardhianum*	三角四角藻	*Tetraedron trigonum*
椭圆卵囊藻	*Oocystis elliptica*	四月藻	*Tetrallantos lagerkeimii*
湖生卵囊藻	*Oocystis lacustris*	四星藻	*Tetrastrum* sp.
卵囊藻	*Oocystis* sp.	华美四星藻	*Tetrastrum elegans*
实球藻	*Pandorina morum*	平滑四星藻	*Tetrastrum glabrum*
盘星藻长角变种	*Pediastrum biradiatum* var. *longecornutum*	异刺四星藻	*Tetrastrum heterocanthum*
二角盘星藻	*Pediastrum duplex*	短刺四星藻	*Tetrastrum staurogeniaeforme*
二角盘星藻纤细变种	*Pediastrum duplex* var. *gracillimum*	粗刺四棘藻	*Treubaria crassispina*

绿藻门 Chlorophyta			
单角盘星藻	*Pediastrum simplex*	丝藻	*Ulothrix* sp.
单角盘星藻具孔变种	*Pediastrum simplex* var. *duodenarium*	近微细丝藻	*Ulothrix subtilissima*
四角盘星藻	*Pediastrum tetras*	长毛针丝藻	*Uronema elongatum*
游丝藻	*Planctonema lauterbornii*	韦斯藻	*Westella botryoides*
暗丝藻	*Psephonema aenigmaticum*	对称多棘鼓藻	*Xanthidium antilopaeum*
三叶四角藻	*Tetraedron triangulare*	多棘鼓藻	*Xanthidium* sp.
四棘藻	*Treubaria triappendiculata*		

硅藻门 Bacillariohyta			
曲壳藻	*Achnanthes* sp.	颗粒直链藻极狭变种螺旋变型	*Melosira granulata* var. *angustissima* f. *spiralis*
扁圆卵形藻	*Cocconeis placentula*	直链藻	*Melosira* sp.
卵形藻	*Cocconeis* sp.	具槽直链藻	*Melosira sulcata*
梅尼小环藻	*Cyclotella meneghiniana*	变异直链藻	*Melosira varians*
小环藻	*Cyclotella* sp.	舟形藻	*Navicula* sp.
桥弯藻	*Cymbella* sp.	类S形菱形藻	*Nitzschia sigmoidea*
等片藻	*Diatum* sp.	菱形藻	*Nitzschia* sp.
双壁藻	*Diploneis* sp.	羽纹藻	*Pinnularia* sp.
窗纹藻	*Epithemia* sp.	长刺根管藻	*Rhizosolenia longiseta*
脆杆藻	*Fragilaria* sp.	幅节藻	*Stauroneis* sp.
异极藻	*Gomphonema* sp.	双菱藻	*Surirella* sp.
布纹藻	*Gyrosigma* sp.	针杆藻	*Synedra* sp.
颗粒直链藻	*Melosira granulata*	肘状针杆藻	*Synedra ulna*
颗粒直链藻极狭变种	*Melosira granulata* var. *angustissima*		

裸藻门 Euglenophyta			
裸藻	*Euglena* sp.	陀螺藻	*Strombomonas* sp.
扁裸藻	*Phacus* sp.	囊裸藻	*Trachelomonas* sp.

金藻门 Chrysophyta			
分歧锥囊藻	*Dinobryon divergens*	鱼鳞藻	*Mallomonas* sp.
锥囊藻	*Dinobryon* sp.		

甲藻门 Dinophyta			
角甲藻	*Ceratium hirundinella*	多甲藻	*Peridinium* sp.
薄甲藻	*Glenodinium* sp.	裸甲藻	*Gymnodinium* sp.

续表

黄藻门 Xanthophyta			
浅列细绿藻	*Isthmochloron lobulatum*	黄管藻	*Ophiocytium* sp.
隐藻门 Cryptophyta			
隐藻	*Cryptomonas* sp.		

4.2.2 各湖泊藻类种类组成

在 2013 年 10 月与 2014 年 7 月的两次调查中，陈家湖共鉴定出藻类 5 门 49 属 79 种，蓝藻门 19 属 28 种、绿藻门 21 属 39 种、硅藻门 5 属 8 种、裸藻门 3 属 3 种、隐藻门 1 属 1 种。

赤湖共鉴定出藻类 6 门 67 属 94 种，蓝藻门 18 属 26 种、绿藻门 35 属 50 种、硅藻门 9 属 13 种、金藻门 1 属 1 种、甲藻门 3 属 3 种、隐藻门 1 属 1 种。

军山湖共鉴定出藻类 8 门 76 属 122

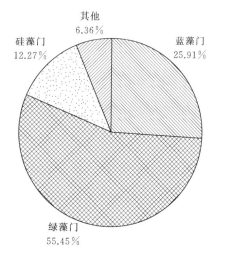

图 4.6 鄱阳湖区湖泊藻类种类占比

种，蓝藻门 21 属 34 种、绿藻门 37 属 66 种、硅藻门 10 属 14 种、裸藻门 2 属 2 种、金藻门 2 属 2 种、甲藻门 2 属 2 种、黄藻门 1 属 1 种、隐藻门 1 属 1 种。

南北湖共鉴定出藻类 5 门 50 属 84 种，蓝藻门 17 属 24 种、绿藻门 23 属 48 种、硅藻门 6 属 8 种、裸藻门 3 属 3 种、隐藻门 1 属 1 种。

鄱阳湖共鉴定出藻类 7 门 83 属 142 种，蓝藻门 19 属 32 种、绿藻门 37 属 77 种、硅藻门 17 属 23 种、裸藻门 5 属 5 种、金藻门 2 属 2 种、甲藻门 2 属 2 种、隐藻门 1 属 1 种。

七里湖共鉴定出藻类 6 门 55 属 88 种，蓝藻门 20 属 26 种、绿藻门 23 属 47 种、硅藻门 5 属 8 种、裸藻门 3 属 3 种、甲藻门 3 属 3 种、隐藻门 1 属 1 种。

赛湖共鉴定出藻类 6 门 59 属 101 种，蓝藻门 20 属 31 种、绿藻门 27 属 54 种、硅藻门 5 属 9 种、裸藻门 4 属 4 种、甲藻门 2 属 2 种、隐藻门 1 属 1 种。

太泊湖共鉴定出藻类 7 门 51 属 92 种，蓝藻门 17 属 28 种、绿藻门 23 属 51 种、硅藻门 6 属 8 种、裸藻门 2 属 2 种、金藻门 1 属 1 种、甲藻门 1 属 1 种、隐藻门 1 属 1 种。

新妙湖共鉴定出藻类 5 门 39 属 55 种，蓝藻门 17 属 22 种、绿藻门 13 属 21 种、硅藻门 6 属 9 种、裸藻门 2 属 2 种、隐藻门 1 属 1 种。

珠湖共鉴定出藻类 8 门 64 属 99 种，蓝藻门 18 属 25 种、绿藻门 31 属 54 种、硅藻门 7 属 12 种、裸藻门 2 属 2 种、金藻门 2 属 2 种、甲藻门 2 属 2 种、黄藻门 1 属 1 种、隐藻门 1 属 1 种。

4.3　藻类的密度

通过本次调查研究发现，鄱阳湖区湖泊藻类的密度普遍较高（见图 4.7），大多数湖泊 2013 年 10 月（秋季）与 2014 年 7 月（夏季）的藻类密度都超过 1×10^6 cells/L，通常在 $1 \times 10^7 \sim 1 \times 10^8$ cells/L 之间，尤其太泊湖 2014 年 7 月的藻类密度达到 4.07×10^8 cells/L，仅鄱阳湖 2013 年 10 月（秋季）的藻类密度小于 1×10^6 cells/L。

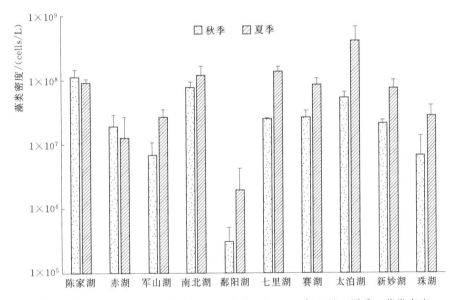

图 4.7　鄱阳湖区湖泊 2013 年 10 月（秋季）与 2014 年 7 月（夏季）藻类密度

其中陈家湖秋季的藻类密度为 1.13×10^8 cells/L，夏季藻类密度为 9.1×10^7 cells/L；赤湖秋季藻类密度为 1.9×10^7 cells/L，夏季为 1.28×10^7 cells/L；军山湖秋季藻类密度为 6.69×10^6 cells/L，夏季为 2.67×10^7 cells/L；南北湖秋季藻类密度为 7.61×10^7 cells/L，夏季为 1.18×10^8 cells/L；鄱阳湖秋季藻类密度为 3.04×10^5 cells/L，夏季为 1.95×10^6 cells/L；七里湖秋季藻类密度为 2.5×10^7 cells/L，夏季为 1.32×10^8 cells/L；赛湖秋季藻类密度为 $2.67 \times$

10^7 cells/L，夏季为 8.71×10^7 cells/L；太泊湖秋季藻类密度为 5.37×10^7 cells/L，夏季为 4.07×10^8 cells/L；新妙湖秋季藻类密度为 2.11×10^7 cells/L，夏季为 7.47×10^7 cells/L；珠湖秋季藻类密度为 6.68×10^6 cells/L，夏季为 2.83×10^7 cells/L。

对每个湖泊秋季和夏季的藻类密度进行统计分析后发现，军山湖、鄱阳湖与赛湖夏季与秋季的藻类密度存在极显著性差异（$P < 0.01$），珠湖秋季与夏季的藻类密度存在显著性差异（$P < 0.05$）。

从藻类各种类的占比来看（图 4.8、图 4.9），各个湖泊秋季与夏季的藻类密度都以蓝藻为主导，占总密度的比例基本在 70% 以上，多数情况下大于 80%，甚至也不乏超过 90% 的，仅鄱阳湖秋季蓝藻的占比为 44.2%。绿藻和硅藻的密度占比虽远比蓝藻的要小，但相对于其他 5 门的藻类（裸藻、金藻、甲藻、

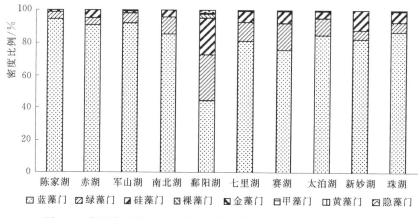

图 4.8 鄱阳湖区湖泊 2013 年 10 月（秋季）藻类各类群密度占比

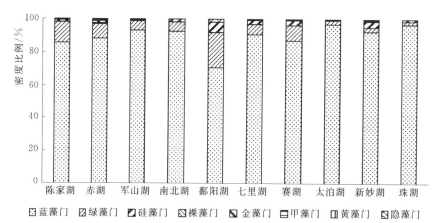

图 4.9 鄱阳湖区湖泊 2014 年 7 月（夏季）藻类各类群密度占比

黄藻、隐藻）而言，尚具有较大的优势。其他 5 门藻类在整个调查中的密度占比都非常低，甚至有些湖泊在秋季或夏季中未能检出。值得注意的是，鄱阳湖秋季与夏季的两次调查发现，同其他湖泊相比，鄱阳湖绿藻和硅藻密度占比相对较高，尤其秋季，其占比分别达到 28.2%、22.9%，两者之和已经超过蓝藻。

4.4 藻类的生物量

与藻类的密度相似，各湖泊藻类的生物量通常夏季大于秋季（见图 4.10），仅赤湖和珠湖例外，不过这两个湖泊两个季节的差异并不明显。尤其是南北湖、七里湖、赛湖及太泊湖夏季的生物量为秋季的 2 倍以上。总体而言，赤湖、鄱阳湖及珠湖的生物量较小，赤湖秋季和夏季生物量分别为 2.41mg/L、1.86mg/L，鄱阳湖分别为 0.30mg/L、0.65mg/L，珠湖分别为 1.69mg/L、0.98mg/L。秋季和夏季的生物量陈家湖分别为 7.31mg/L、8.00mg/L，军山湖分别为 0.99mg/L、3.71mg/L，南北湖分别为 6.43mg/L、12.67mg/L，七里湖分别为 3.10mg/L、14.44mg/L，赛湖分别为 4.17mg/L、9.57mg/L，太泊湖分别为 5.16mg/L、11.72mg/L，新妙湖分别为 5.51mg/L、6.13mg/L。

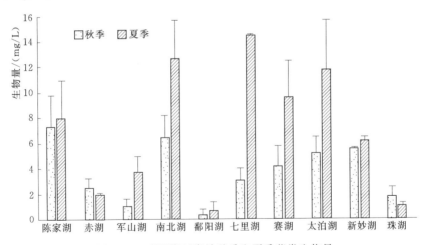

图 4.10 鄱阳湖区湖泊秋季和夏季藻类生物量

在藻类群落水平上，各湖泊秋季与夏季不同门藻类生物量的占比情况与密度的占比很不一样，相比于密度中蓝藻占绝对主导地位，生物量中绿藻和硅藻的比例得到了显著提升（见图 4.11 和图 4.12）。尽管蓝藻生物量在夏季的大部分湖泊仍然是最高的，但秋季的湖泊已经转变为硅藻或绿藻生物量占优势。

其中，秋季蓝藻生物量的平均占比为 16.7%，绿藻和硅藻分别为 31.1%、40.5%；夏季蓝藻的生物量平均占比为 42.4%，绿藻和硅藻分别为 25.2%、13.5%。

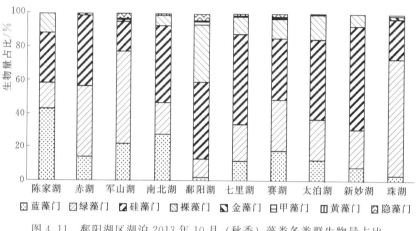

图 4.11　鄱阳湖区湖泊 2013 年 10 月（秋季）藻类各类群生物量占比

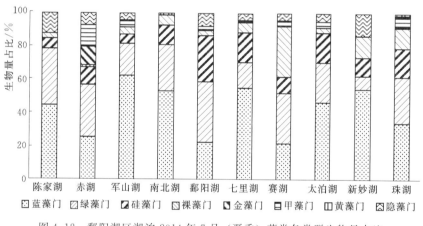

图 4.12　鄱阳湖区湖泊 2014 年 7 月（夏季）藻类各类群生物量占比

4.5　藻类的优势种

湖泊中藻类的现存量用细胞数量来反映是不太准确的，藻类数量上不太重要的种，生物量却有可能比较重要，故以细胞数量来反映现存量会过高地计算细胞体积较小的种类贡献。本章根据藻类的生物量大小确定优势种，各个湖泊夏秋季藻类的优势种见表 4.3～表 4.12。

表 4.3　　　　　　　　　　　陈家湖夏秋季藻类生物量优势种

秋　季	夏　季
浮丝藻 *Planktothrix* sp.	真紧密长孢藻 *Dolichospermum eucompacta*
平裂藻 *Merismopedia* sp.	惠氏微囊藻 *Microcystis wesenbergii*
针杆藻 *Synedra* sp.	长孢藻 *Dolichospermum* sp.
舟形藻 *Navicula* sp.	微囊藻 *Microcystis* sp.
直链藻 *Melosira* sp.	二角盘星藻 *Pediastrum duplex*
	囊裸藻 *Trachelomonas* sp.

表 4.4　　　　　　　　　　　赤湖夏秋季藻类生物量优势种

秋　季	夏　季
束丝藻 *Aphanizonmenon ovalisorum*	泽丝藻 *Limnothrix* sp.
纤细角星鼓藻 *Staurastrum gracile*	浮游泽丝藻 *Limnothrix planctonica*
球囊藻 *Sphaerocystis schroeteri*	转板藻 *Mougeotia* sp.
空球藻 *Eudorina elegans*	单角盘星藻 *Pediastrum simplex*
桥弯藻 *Cymbella* sp.	单角盘星藻具孔变种 *Pediastrum simplex* var. *duodenarium*
肘状针杆藻 *Synedra ulna*	角甲藻 *Ceratium hirundinella*
颗粒直链藻 *Melosira granulata*	裸甲藻 *Gymnodinium* sp.
	隐藻 *Cryptomonas* sp.
	锥囊藻 *Dinobryon* sp.

表 4.5　　　　　　　　　　　军山湖夏秋季藻类生物量优势种

秋　季	夏　季
惠氏微囊藻 *Microcystis wesenbergii*	等丝浮丝藻 *Planktothrix isothrix*
近曼弗角星鼓藻 *Staurastrum submanfeldtii*	惠氏微囊藻 *Microcystis wesenbergii*
小空星藻 *Coelastrum microporum*	拉氏拟柱孢藻 *Cylinderspermopsis raciborskii*
纤细新月藻 *Closterium gracile*	色球藻 *Chroococcus* sp.
空球藻 *Eudorina elegans*	束丝藻 *Aphanizonmenon ovalisorum*
湖生卵囊藻 *Oocystis lacustris*	依沙矛丝藻 *Cuspidothrix issatschenkoi*
微细转板藻 *Mougeotia parvula*	微囊藻 *Microcystis* sp.
光泽鼓藻 *Cosmarium candianum*	芒状叉星鼓藻 *Staurodesmus aristiferus*
纤细角星鼓藻 *Staurastrum gracile*	腔球藻 *Coelosphaerium* sp.
平顶顶接鼓藻 *Spondylosium planum*	陀螺藻 *Strombomonas* sp.

73

续表

秋　季	夏　季
腔球藻 *Coelosphaerium* sp.	
扁圆卵形藻 *Cocconeis placentula*	
扎卡四棘藻 *Attheya zachariasi*	
具槽直链藻 *Melosira sulcata*	
长刺根管藻 *Rhizosolenia longiseta*	

表 4.6　　　　　　　　　南北湖夏秋季藻类生物量优势种

秋　季	夏　季
湖生假鱼腥藻 *Pseudoanabaena limnetica*	微囊藻 *Microcystis* sp.
颗粒直链藻 *Melosira granulata*	色球藻 *Chroococcus* sp.
等片藻 *Diatum* sp.	二角盘星藻 *Pediastrum duplex*
小环藻 *Cyclotella* sp.	单角盘星藻 *Pediastrum simplex*
陀螺藻 *Strombomonas* sp.	

表 4.7　　　　　　　　　鄱阳湖夏秋季藻类生物量优势种

秋　季	夏　季
湖生假鱼腥藻 *Pseudoanabaena limnetica*	惠氏微囊藻 *Microcystis wesenbergii*
依沙矛丝藻 *Cuspidothrix issatschenkoi*	微囊藻 *Microcystis* sp.
极大节旋藻 *Arthrospira maxima*	依沙矛丝藻 *Cuspidothrix issatschenkoi*
惠氏微囊藻 *Microcystis wesenbergii*	长孢藻 *Dolichospermum* sp.
近微细丝藻 *Ulothrix subtilissima*	腔球藻 *Coelosphaerium* sp.
新月藻 *Closterium* sp.	色球藻 *Chroococcus* sp.
实球藻 *Pandorina morum*	单角盘星藻 *Pediastrum simplex*
纤细新月藻 *Closterium gracile*	单角盘星藻具孔变种 *Pediastrum simplex* var. *duodenarium*
湖生卵囊藻 *Oocystis lacustris*	顶锥十字藻 *Crucigenia apiculata*
颗粒直链藻 *Melosira granulata*	多棘鼓藻 *Xanthidium* sp.
针杆藻 *Synedra* sp.	二角盘星藻 *Pediastrum duplex*
双菱藻 *Surirella* sp.	凹顶鼓藻 *Euastrum* sp.
桥弯藻 *Cymbella* sp.	叉星鼓藻 *Staurodesmus* sp.
羽纹藻 *Pinnularia* sp.	卵囊藻 *Oocystis* sp.
扎卡四棘藻 *Attheya zachariasi*	盘星藻长角变种 *Pediastrum biradiatum* var. *longecornutum*

秋　季	夏　季
梅尼小环藻 *Cyclotella meneghiniana*	实球藻 *Pandorina morum*
卵形藻 *Cocconeis* sp.	四足十字藻 *Crucigenia tetrapedia*
布纹藻 *Gyrosigma* sp.	圆鼓藻 *Cosmarium criculare*
菱形藻 *Nitzschia* sp.	微细转板藻 *Mougeotia parvula*
舟形藻 *Navicula* sp.	纤细角星鼓藻 *Staurastrum gracile*
针杆藻 *Synedra* sp.	纤细新月藻 *Closterium gracile*
颗粒直链藻极狭变种 *Melosira granulata* var. *angustissima*	小空星藻 *Coelastrum microporum*
小环藻 *Cyclotella* sp.	转板藻 *Mougeotia* sp.
囊裸藻 *Trachelomonas* sp.	舟形藻 *Navicula* sp.
裸藻 *Euglena* sp.	肘状针杆藻 *Synedra ulna*
扁裸藻 *Phacus* sp.	扎卡四棘藻 *Attheya zachariasi*
陀螺藻 *Strombomonas* sp.	双菱藻 *Surirella* sp.
薄甲藻 *Glenodinium* sp.	卵形藻 *Cocconeis* sp.
隐藻 *Cryptomonas* sp.	颗粒直链藻极狭变种 *Melosira granulata* var. *angustissima*
	颗粒直链藻极狭变种螺旋变型 *Melosira granulata* var. *angustissima* f. *spiralis*
	具槽直链藻 *Melosira sulcata*
	颗粒直链藻 *Melosira granulata*
	裸藻 *Euglena* sp.
	囊裸藻 *Trachelomonas* sp.
	裸甲藻 *Gymnodinium* sp.

表 4.8　　　　　七里湖夏秋季藻类生物量优势种

秋　季	夏　季
旋折平裂藻 *Merismopedia convoluta*	微囊藻 *Microcystis* sp.
空球藻 *Eudorina elegans*	假鱼腥藻 *Pseudoanabaena* sp.
颗粒直链藻 *Melosira granulata*	等丝浮丝藻 *Planktothrix isothrix*
具槽直链藻 *Melosira sulcata*	针杆藻 *Synedra* sp.
针杆藻 *Synedra* sp.	
陀螺藻 *Strombomonas* sp.	

表 4.9 赛湖夏秋季藻类生物量优势种

秋 季	夏 季
依沙矛丝藻 Cuspidothrix issatschenkoi	浮游泽丝藻 Limnothrix planctonica
单角盘星藻 Pediastrum simplex	湖生假鱼腥藻 Pseudoanabaena limnetica
纤细新月藻 Closterium gracile	单角盘星藻 Pediastrum simplex
转板藻 Mougeotia sp.	二角盘星藻 Pediastrum duplex
针杆藻 Synedra sp.	针杆藻 Synedra sp.
颗粒直链藻 Melosira granulata	裸藻 Euglena sp.
囊裸藻 Trachelomonas sp.	囊裸藻 Trachelomonas sp.
	隐藻 Cryptomonas sp.

表 4.10 太泊湖夏秋季藻类生物量优势种

秋 季	夏 季
小空星藻 Coelastrum microporum	微囊藻 Microcystis sp.
颗粒直链藻 Melosira granulata	假鱼腥藻 Pseudanabaena sp.
针杆藻 Synedra sp.	二角盘星藻 Pediastrum duplex
桥弯藻 Cymbella sp.	针杆藻 Synedra sp.
小环藻 Cyclotella sp.	裸甲藻 Gymnodinium sp.
囊裸藻 Trachelomonas sp.	

表 4.11 新妙湖夏秋季藻类生物量优势种

秋 季	夏 季
新月藻 Closterium sp.	束丝藻 Aphanizonmenon ovalisorum
针杆藻 Synedra sp.	依沙矛丝藻 Cuspidothrix issatschenkoi
直链藻 Melosira sp.	腔球藻 Coelosphaerium sp.
裸藻 Euglena sp.	针杆藻 Synedra sp.
	裸藻 Euglena sp.
	隐藻 Cryptomonas sp.

表 4.12 珠湖夏秋季藻类生物量优势种

秋 季	夏 季
空球藻 Eudorina elegans	长孢藻 Dolichospermum sp.
双钝顶鼓藻 Cosmarium biretum	胶质细鞘丝藻 Leptolyngbya gelatinosa

秋　季	夏　季
光泽鼓藻 *Cosmarium candianum*	凹顶鼓藻 *Euastrum* sp.
湖生卵囊藻 *Oocystis lacustris*	纤细角星鼓藻 *Staurastrum gracile*
转板藻 *Mougeotia* sp.	颗粒直链藻 *Melosira granulata*
颗粒直链藻 *Melosira granulata*	裸藻 *Euglena* sp.
	囊裸藻 *Trachelomonas* sp.

陈家湖秋季的藻类优势种类群以硅藻为主，夏季以蓝藻为主。赤湖秋季的优势种类群以绿藻为主，夏季蓝藻与绿藻的数量相当。军山湖秋季的优势种以绿藻为主，夏季以蓝藻为主。南北湖秋季以硅藻为主，夏季优势种为蓝藻与绿藻。鄱阳湖秋季以硅藻为主，夏季主要为绿藻和硅藻。七里湖秋季优势种以硅藻为主，夏季以蓝藻为主。赛湖秋季以绿藻为主，夏季各类群均有出现。太泊湖秋季优势种以硅藻为主，夏季主要为蓝藻。新妙湖秋季优势种类群为硅藻，夏季为蓝藻。珠湖秋季优势种类群为绿藻，夏季也为绿藻。

根据各个湖泊的藻类优势种出现的频率，归纳了秋季与夏季藻类优势种的主要类群（表4.13）。可以看出，秋季各个湖泊的藻类优势种以硅藻和绿藻为主，其他藻类尤其是蓝藻较少。而夏季藻类的优势种以蓝藻和绿藻或蓝藻和其他藻类为主，但鄱阳湖、赤湖和赛湖夏季的优势种以绿藻为主。另外鄱阳湖优势种的组成情况与河流藻类的组成有相似之处，河流中藻类的优势种群一般为硅藻，而鄱阳湖秋季水文特点类似于河流，故展现出河流藻类的特点。

表 4.13　　　　鄱阳湖区湖泊夏秋季藻类生物量优势种季节变动

湖　泊	秋　季	夏　季
陈家湖	硅藻、蓝藻	蓝藻、绿藻
赤湖	硅藻、绿藻	绿藻、甲藻
军山湖	绿藻、硅藻	蓝藻、绿藻
南北湖	硅藻、裸藻	蓝藻、绿藻
鄱阳湖	硅藻、绿藻、裸藻	绿藻、硅藻、蓝藻
七里湖	硅藻、裸藻	蓝藻、硅藻
赛湖	绿藻、硅藻	绿藻、蓝藻
太泊湖	硅藻、裸藻	蓝藻、硅藻
新妙湖	硅藻、裸藻	蓝藻、硅藻
珠湖	绿藻、硅藻	蓝藻、绿藻、裸藻

4.6　藻类多样性

鄱阳湖区 2013 年 10 月（秋季）与 2014 年 7 月（夏季）的藻类多样性指数见表 4.14，10 个湖泊秋季和夏季的藻类丰富度指数范围分别为 18～56、26～46。从平均值来看，秋季与夏季藻类的丰富度均值相差不大，但秋季各个湖泊的物种数差异较大，而夏季较为接近。秋季物种数最高的湖泊为七里湖，达到 56，最低的为新妙湖，仅有 18；夏季最高的湖泊为陈家湖和太泊湖，为 46，最低的为鄱阳湖，为 26。10 个湖泊秋季和夏季藻类的 Pielou 均匀度指数范围分别为 0.38～0.74、0.34～0.74，秋季湖泊的 Pielou 均匀度指数均值与夏季相比要高。秋季 Pielou 均匀度指数最大的是鄱阳湖，为 0.74，秋季 Pielou 均匀度指数最小的是陈家湖，为 0.38；夏季 Pielou 均匀度指数最大的也是鄱阳湖，为 0.74，最小的是珠湖，为 0.34。10 个湖泊秋季和夏季的 Shannon 多样性指数范围分别为 1.20～2.80、1.22～2.56，从 10 个湖泊 Shannon 多样性指数的平均值来看，秋季湖泊的 Shannon 多样性指数要略高于夏季。秋季 Shannon 多样性指数最大的是赛湖，为 2.80，最小的是陈家湖，为 1.20；夏季 Shannon 多样性指数最大的是陈家湖，为 2.56，最小的是珠湖，为 1.22。

表 4.14　　　　　　　　　　　鄱阳湖区湖泊藻类多样性指数

湖泊	秋　季			夏　季		
	物种数 S	Pielou 均匀度指数 J_{sw}	Shannon 多样性指数 H	物种数 S	Pielou 均匀度指数 J_{sw}	Shannon 多样性指数 H
陈家湖	23.6±0.4	0.38±0.04	1.20±0.14	46.3±0.5	0.67±0.03	2.56±0.10
赤湖	36.2±4.9	0.48±0.11	1.72±0.37	36.7±7.0	0.62±0.23	2.21±0.73
军山湖	37.3±10.1	0.48±0.09	1.73±0.36	30.2±4.8	0.57±0.07	1.94±0.28
南北湖	45.6±2.8	0.65±0.01	2.47±0.06	39.6±2.5	0.53±0.09	1.93±0.29
鄱阳湖	15.3±5.5	0.74±0.12	1.96±0.39	26.6±11.5	0.74±0.13	2.33±0.45
七里湖	56.5±0.5	0.62±0.05	2.49±0.07	44.5±0.7	0.55±0.07	2.08±0.25
赛湖	46.7±9.1	0.73±0.02	2.80±0.17	44.2±6.5	0.57±0.04	2.15±0.11
太泊湖	49.3±6.1	0.61±0.02	2.39±0.16	46.6±4.0	0.36±0.16	1.40±0.66
新妙湖	18.5±0.5	0.59±0.00	1.71±0.01	34.0±1.4	0.55±0.20	1.95±0.67
珠湖	29.2±9.5	0.49±0.14	1.62±0.42	37.8±5.4	0.34±0.03	1.22±0.09
均值	35.8±13.9	0.58±0.12	2.01±0.50	38.7±6.9	0.55±0.12	1.97±0.40

表 4.15 及表 4.16 显示的是鄱阳湖区湖泊藻类 Pielou 均匀度指数之间的差异。值得注意的是，珠湖夏季的 Pielou 均匀度指数与除太泊湖以外的湖泊都

有显著性差异，从表 4.14 得知珠湖的 Pielou 均匀度指数最低，表明珠湖的藻类种类相对而言分布不均一。

表 4.15　　　鄱阳湖区湖泊秋季 Pielou 均匀度指数的单因素方差分析

湖泊	陈家湖	赤湖	军山湖	南北湖	鄱阳湖	七里湖	赛湖	太泊湖	新妙湖
赤湖	0.223								
军山湖	0.164	1.000							
南北湖	0.003*	0.046*	0.023*						
鄱阳湖	0.000**	0.000**	0.000**	0.156					
七里湖	0.018*	0.142	0.104	0.771	0.125				
赛湖	0.000**	0.001**	0.000**	0.293	0.907	0.219			
太泊湖	0.010*	0.111	0.069	0.696	0.054	0.953	0.144		
新妙湖	0.039*	0.259	0.212	0.534	0.053	0.762	0.116	0.785	
珠湖	0.150	0.852	0.823	0.055	0.000**	0.169	0.002**	0.308	0.308

注　＊＊表示 $P<0.01$；＊表示 $P<0.05$。

表 4.16　　　鄱阳湖区湖泊夏季 Pielou 均匀度指数的单因素方差分析

湖泊	陈家湖	赤湖	军山湖	南北湖	鄱阳湖	七里湖	赛湖	太泊湖	新妙湖
赤湖	0.638								
军山湖	0.238	0.473							
南北湖	0.163	0.303	0.590						
鄱阳湖	0.345	0.084	0.001**	0.006**					
七里湖	0.291	0.483	0.820	0.842	0.038*				
赛湖	0.302	0.541	0.999	0.639	0.013*	0.838			
太泊湖	0.003**	0.007**	0.014*	0.107	0.000**	0.101	0.030*		
新妙湖	0.316	0.518	0.870	0.800	0.045*	0.961	0.883	0.091	
珠湖	0.001**	0.001**	0.001**	0.039*	0.000**	0.044*	0.006**	0.779	0.038*

注　＊＊表示 $P<0.01$；＊表示 $P<0.05$。

表 4.17 及表 4.18 显示的是鄱阳湖区之间 Shannon 多样性指数的差异，秋季较多湖泊 Shannon 多样性指数之间存在差异，珠湖夏季 Shannon 多样性指数与除太泊湖外的其他湖泊都存在显著差异，珠湖夏季的 Shannon 多样性指数在所有湖泊中是最低的，表明珠湖的藻类多样性相对要低。

表 4.17　　　鄱阳湖区湖泊秋季 Shannon 多样性指数的单因素方差分析

湖泊	陈家湖	赤湖	军山湖	南北湖	鄱阳湖	七里湖	赛湖	太泊湖	新妙湖
赤湖	0.076								
军山湖	0.039*	0.967							
南北湖	0.000**	0.010*	0.004**						

续表

湖泊	陈家湖	赤湖	军山湖	南北湖	鄱阳湖	七里湖	赛湖	太泊湖	新妙湖
鄱阳湖	0.001**	0.217	0.099	0.028*					
七里湖	0.000**	0.018*	0.010*	0.943	0.054				
赛湖	0.000**	0.000**	0.000**	0.246	0.000**	0.342			
太泊湖	0.000**	0.021*	0.010*	0.782	0.064	0.749	0.147		
新妙湖	0.141	0.982	0.955	0.028*	0.352	0.038*	0.001**	0.050	
珠湖	0.130	0.699	0.611	0.003**	0.061	0.007**	0.000**	0.006**	0.774

注 ** 表示 $P < 0.01$；* 表示 $P < 0.05$。

表 4.18 鄱阳湖区湖泊夏季 Shannon 多样性指数的单因素方差分析

湖泊	陈家湖	赤湖	军山湖	南北湖	鄱阳湖	七里湖	赛湖	太泊湖	新妙湖
赤湖	0.282								
军山湖	0.032*	0.293							
南北湖	0.075	0.397	0.983						
鄱阳湖	0.365	0.606	0.020*	0.132					
七里湖	0.220	0.729	0.668	0.702	0.433				
赛湖	0.214	0.856	0.400	0.496	0.451	0.843			
太泊湖	0.001**	0.016*	0.062	0.130	0.001**	0.084	0.024*		
新妙湖	0.121	0.486	0.969	0.961	0.232	0.760	0.582	0.160	
珠湖	0.000**	0.001**	0.004**	0.025*	0.000**	0.018*	0.002**	0.562	0.044*

注 ** 表示 $P < 0.01$；* 表示 $P < 0.05$。

4.7 水华蓝藻密度及生物量

图 4.13 显示的是鄱阳湖区湖泊水华蓝藻的密度，陈家湖秋季和夏季的密度分别为 1.07×10^8 cells/L、7.35×10^7 cells/L；赤湖秋季和夏季的密度分别为 1.71×10^7 cells/L、2.91×10^6 cells/L；军山湖分别为 6.03×10^6 cells/L、1.08×10^8 cells/L；南北湖分别为 6.49×10^7 cells/L、1.08×10^8 cells/L；鄱阳湖分别为 1.33×10^5 cells/L、1.35×10^6 cells/L；七里湖分别为 1.68×10^7 cells/L、1.13×10^8 cells/L；赛湖分别为 1.95×10^7 cells/L、2.39×10^7 cells/L；太泊湖分别为 4.21×10^7 cells/L、3.00×10^8 cells/L；新妙湖分别为 1.74×10^7 cells/L、4.64×10^7 cells/L；珠湖分别为 5.77×10^6 cells/L、2.73×10^7 cells/L。总体而言，鄱阳湖区的水华蓝藻密度是比较高的，陈家湖、南北湖、七里湖、赛湖、太泊湖和新妙湖的超过 10^7 cells/L，也不乏达到 10^8 cells/L 的湖泊。仅鄱阳湖的水华蓝藻密度相对而言要低，秋季只有 10^5 数量级，夏季为 10^6 数量级。除赤湖外，秋季的水华蓝藻密度都要低于夏季。

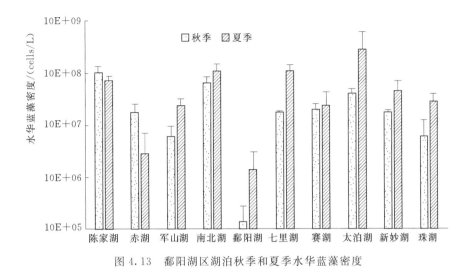

图 4.13　鄱阳湖区湖泊秋季和夏季水华蓝藻密度

图 4.14 显示的是水华蓝藻秋季与夏季的生物量，陈家湖秋季与夏季的水华蓝藻生物量分别为 3.15mg/L、3.49mg/L；赤湖分别为 0.35mg/L、0.48mg/L；军山湖分别为 0.22mg/L、2.22mg/L；南北湖分别为 1.79mg/L、6.77mg/L；鄱阳湖分别为 0.008mg/L、0.15mg/L；七里湖分别为 0.27mg/L、8.00mg/L；赛湖分别为 0.76mg/L、2.12mg/L；太泊湖分别为 0.58mg/L、5.48mg/L；新妙湖分别为 0.47mg/L、3.36mg/L；珠湖分别为 0.06mg/L、0.33mg/L。总体而言，秋季的生物量都要低于夏季，值得注意的是，鄱阳湖和珠湖秋季水华蓝藻的生物量非常小，均小于 0.1mg/L。而南北湖、七里湖和太泊湖水华蓝藻的生物量很高，均超过 5.0mg/L。

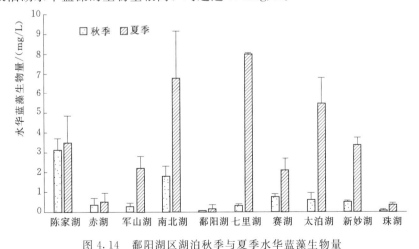

图 4.14　鄱阳湖区湖泊秋季与夏季水华蓝藻生物量

鄱阳湖秋季水华蓝藻生物量非常小的原因可能是由于其水体流速相对于其他湖泊而言较快。

从水华蓝藻秋季密度和生物量的比例来看（图 4.15、图 4.16），尽管密度的占比较高，大多超过 70%，但生物量的占比还是比较低，同藻类密度和生物量的占比情况相似。

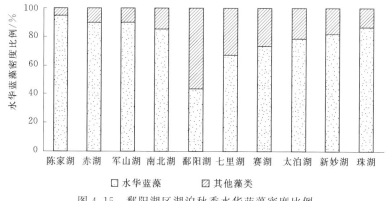

图 4.15 鄱阳湖区湖泊秋季水华蓝藻密度比例

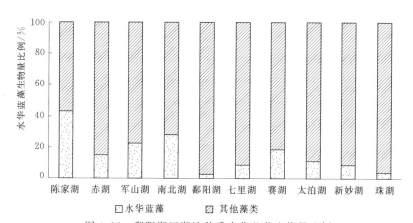

图 4.16 鄱阳湖区湖泊秋季水华蓝藻生物量比例

从水华蓝藻夏季密度和生物量的占比来看（见图 4.17 和图 4.18），水华蓝藻的密度比例同秋季相比稍有降低，尤其是赤湖和赛湖的水华蓝藻比例夏季下降明显，鄱阳湖夏季的水华蓝藻的比例上升。夏季水华蓝藻的生物量占比较秋季而言升高了，反映出夏季水华蓝藻的生长繁殖速率提高了。

表 4.19 展示的是秋季与夏季水华蓝藻密度与生物量的比例情况，通过 SPSS 分析表明，秋季与夏季的水华蓝藻密度比例没有显著性差异，而秋季与夏季的水华蓝藻生物量比例具有极显著性差异（$P < 0.01$）。表明在秋季与夏季水华蓝藻密度相似的情况下，夏季的生物量远远要高于秋季。

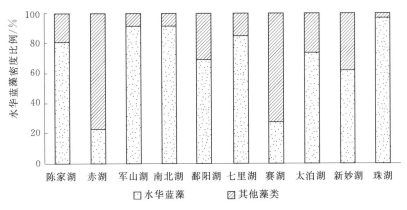

图 4.17 鄱阳湖区湖泊夏季水华蓝藻密度比例

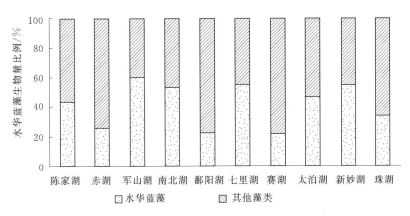

图 4.18 鄱阳湖区湖泊夏季水华蓝藻生物量比例

表 4.19　　　　　　　鄱阳湖区湖泊水华蓝藻密度及生物量比例　　　　　　　％

湖泊	秋　季		夏　季	
	水华蓝藻密度	水华蓝藻生物量	水华蓝藻密度	水华蓝藻生物量
陈家湖	94.7	45.6	80.2	43.4
赤湖	90.2	12.1	32.7	25.1
军山湖	89.1	19.0	91.0	61.9
南北湖	84.4	28.1	91.2	54.3
鄱阳湖	37.2	7.1	53.7	18.1
七里湖	67.3	10.6	84.8	55.4
赛湖	72.2	20.8	25.8	24.0
太泊湖	78.4	10.8	60.3	47.9

续表

湖泊	秋　季		夏　季	
	水华蓝藻密度	水华蓝藻生物量	水华蓝藻密度	水华蓝藻生物量
新妙湖	82.2	8.5	60.0	54.7
珠湖	81.7	3.9	96.0	34.6
均值	77.7	16.6	67.5	41.9

4.8　小结

4.8.1　藻类的种类、密度、生物量及多样性

在藻类的种类组成方面,《中国湖泊志》统计有 8 门 154 属。谢钦铭（2000）在 1987—1993 年对鄱阳湖的藻类调查中共发现藻类 8 门 153 属 319 种,王天宇（2004）在 1999 年对鄱阳湖春秋两季的藻类调查中鉴定出藻类 49 属 68 种和 79 属 178 种,王艺兵（2015）在 2012 年 5 月、7 月和 9 月的调查发现藻类 8 门 107 属,本书 2013—2014 年鉴定出藻类 7 门 83 属 142 种。从 30 多年以来的调查结果来看,鄱阳湖藻类的种类急剧减少、多样性降低,反映出鄱阳湖生态环境发生了比较大的变化。

在藻类的密度方面,《中国湖泊志》统计为 4.7×10^5 cells/L。鄱阳湖 1987—1993 年的藻类年平均密度为 5.15×10^5 cells/L,以绿藻占绝对优势;1999 年藻类年平均密度为 1.0×10^7 cells/L;2012 年为 $1 \times 10^6 \sim 10^7$ cells/L 之间,以蓝藻为主要优势;本书中鄱阳湖藻类的平均密度为 1.13×10^6 cells/L,以蓝藻为主要优势。由此发现,藻类的密度增长了 1 个数量级,同时数量优势种由绿藻转变为蓝藻,反映出鄱阳湖水体营养盐的增加。

在藻类的生物量方面,鄱阳湖 1999 年春季和秋季藻类的生物量分别为 21mg/L 和 2.1mg/L,都是隐藻和硅藻占优势;2012 年平均生物量为 1.03mg/L,以硅藻为优势;本书研究秋季和夏季的生物量分别为 0.30mg/L 和 0.65mg/L,分别以硅藻和绿藻占优势。同鄱阳湖区其他湖泊相比,鄱阳湖藻类的生物量还是较低的。

藻类生物多样性方面,鄱阳湖 1999 年春季和夏季的 Shannon 多样性指数分别为 0.7309～2.8098 和 0.3565～2.5913,群落均匀度指数分别为 0.2941～0.9159 和 0.1351～0.8383。相对于本书研究 2013—2014 年的藻类多样性而言,最大 Shannon 多样性指数和 Pielou 均匀度都要略高,反映出鄱阳湖藻类多样性的降低,这与藻类种类的数量降低趋势是一致的。

军山湖藻类首先由方春林等（2000）报道，1993—1994 年鉴定出藻类 8 门 50 属，藻类生物量为 5.11mg/L。刘霞等（2014）在 2007—2008 年和 2012—2013 年的调查中鉴定出藻类 6 门 53 属，密度分别为 2.66×10^6 cells/L 和 6.77×10^7 cells/L，数量上为蓝藻占绝对优势；生物量分别为 0.72mg/L 和 12.30mg/L，分别以甲藻和隐藻为绝对优势。本书研究中藻类种类数量要略高，密度接近，生物量要低。

张燕萍于 2013 年对太泊湖藻类的情况进行了调查，鉴定到藻类 7 门 51 属，平均密度为 1.59×10^7 cells/L，密度以绿藻为主要优势，蓝藻次之，平均生物量为 20.166mg/L，生物量以绿藻和裸藻占优势，与本书中太泊湖藻类的种类数量基本一致，生物量略低。陈家湖 1993—1994 年的藻类有 8 门 31 属，生物量为 4.422mg/L。相比而言，本书鉴定出的藻类种类要多，生物量要高。《中国湖泊志》中对赛湖藻类的描述中有藻类 8 门 41 属，密度为 9.27×10^7 cells/L，生物量为 8.875mg/L（王苏民和窦鸿身，1998）。相比而言，本书鉴定的藻类种类要多，密度要低，生物量接近。

4.8.2　水华蓝藻的特征

水华蓝藻秋季与夏季的密度除鄱阳湖之外都没有显著性差异，而水华蓝藻秋季与夏季的生物量除陈家湖和赤湖外都存在显著性差异。这一结果表明，水华蓝藻秋季与夏季的密度相近时，夏季水华蓝藻的生物量更大。另外，夏季水华蓝藻的生物量升高，表明发生蓝藻水华的概率要高于秋季。夏季较高的温度适合蓝藻的快速生长，生物量急剧增加是情理之中的。

从水华蓝藻密度与生物量的比例来看，密度占比较大的情况下生物量占比并不很高，这主要是因为蓝藻的体积与其他藻类相比较小，从而导致单个细胞的生物量较小。

4.8.3　蓝藻水华风险分析

调查期间，虽然未见到明显的蓝藻水华现象，但藻类计数分析的结果表明，有些湖泊中蓝藻的细胞数量在水层中实际上已经达到了蓝藻水华的级别，只是因为某些原因未在水面形成堆积现象，表现为"隐性水华"，因此往往被人所忽视。如陈家湖秋季、南北湖夏季、七里湖夏季和太泊湖夏季的水华蓝藻细胞密度都达到了 1×10^8 cells/L 以上，在合适的水文气象条件下是有可能发生蓝藻水华的（杨平，2015）。

第 5 章

典型重金属在鄱阳湖湖区蓝藻毒素
迁移中的复合作用

水体富营养化引起的水环境和水生态污染问题在我国较为突出，其表现形式不仅仅是频繁暴发的蓝藻水华及其衍生的有害有毒代谢产物如蓝藻毒素和异味的污染，还有其他来自于外源和内源的多种物质的污染，尤其是重金属的污染（Su et al.，2012；Tao et al.，2012）。近期的研究表明，重金属与致癌蓝藻毒素如微囊藻毒素（MCs）间存在多样、复杂的反应作用，典型的直接作用有络合亲和作用和光催化降解作用，间接的作用有生理调节反馈作用等（Antoniou et al.，2010；Klein et al.，2013；Lian et al.，2014）。重金属与蓝藻毒素间多种形式的相互作用是否影响蓝藻毒素在水环境中的迁移及其影响机制，迄今所知甚少。从过程和原理机制上揭示有害重金属与致癌蓝藻毒素间的联合作用，加深认识蓝藻毒素的迁移规律，将有利于科学评估其对生态系统和人类健康的风险，为水环境的预警和污染控制提供科学指导。

湖泊底质是重金属污染物与蓝藻毒素二者共同的重要蓄积存储地，大量研究显示重金属在生物细胞表面的沉积使生物细胞膜的通透性增强，从而使其他分子、离子更容易穿过细胞膜（Llamas et al.，2000；Sanchez et al.，2010）。该效应可使原本分子量较大的 MCs 分子（1000Da）更容易进入水生物细胞内聚集。Wang 等（2012）的研究证实了上述推论，其将莱茵衣藻（*Chlamydomonas reinhardtii*）同时暴露于重金属（Cd^{2+}、Cu^{2+}、Zn^{2+}、CrO_4^{2-}）和毒素（MC - LR）环境中，发现重金属对莱茵衣藻细胞吸收毒素具有促进作用。因此，受重金属污染底质富集滞纳的高浓度毒素对于依赖底质存活繁殖的水生植物和水生动物水产品的生存也将产生巨大的风险威胁。鄱阳湖五大入湖河流之一饶河的支流——乐安河拥有亚洲最大的斑岩铜矿——德兴铜矿，以及其他有色矿种如铅锌矿。矿山开采产生的含重金属酸性废水是鄱阳湖流域重金属污染物的主要来源之一，鄱阳湖 Cu、Pb、Zn 污染已比较显著，上述风险发生的概率也越发加大。

　　本章的研究定位于我国湖泊富营养化与底质重金属污染普遍高发的热点难点问题，根据我国三大湖（太湖、巢湖、滇池）蓝藻毒素迁移归趋及吸附去除积累的成果基础，结合国内外最新理论，瞄准重金属污染物与有机蓝藻毒素作用反应的研究前沿，阐明重金属污染环境下蓝藻毒素与重金属在水生态系统中协同作用过程的机理机制，揭示二者联合作用对湖泊水生态系统安全及人类健康带来的风险，为水环境的预警和污染控制提供科学指导。

5.1　主要研究内容

5.1.1　人工生态模拟实验

　　浮水植物凤眼莲因能大量吸收积累污水中的重金属及营养盐物质，被选为研究中的水生植物。向水族缸中加入营底栖生活的泥鳅若干条，再往水体中加入已知浓度的蓝藻毒素粗提取物（或于蓝藻水华大量衰亡的秋冬季节直接向体系中加入定量蓝藻细胞）。最后添加不同浓度的重金属离子，3 种重金属（Cu、Pb、Fe）每种添加 3 个浓度梯度，每个梯度设置 2 个平行，共计 3 个平行，并设置一组空白对照（两平行）。定期跟踪模拟装置中水体的 pH、溶解氧、电导率等常规参数变化。系统平衡稳定运行 30d 后收获底泥、水、水生植物及水产品样品用于提取 MCs 和重金属。根据世界卫生组织（WHO）指导的人体摄入毒素每日耐受量（tolerable daily intake，TDI）评价富营养化水体重金属污染带来的水产品毒素积累风险，定时监测水相与泥相中微囊藻毒素的浓度，计算毒素固-液分配比。

5.1.2　鄱阳湖生态调查

　　于 2014 年 10 月选鄱阳湖饶河入湖口和都昌水域进行生态调查，最终有效点位为 8 个，在上述湖区分别采取孔隙水、上覆水和表面微层水，检测不同层面水体中 MCs 的浓度与外来污染物重金属浓度，同时采集底泥和各类生物样品，样品野外采集后立刻冷藏带回实验室处理。横向比较毒素与重金属含量相互之间的关联性，并纵向比较生态系统中各个要素间的污染物分布关系。

5.1.3　重金属污染下蓝藻毒素降解速率测定

　　在水体中添加不同种类（Fe、Cu、Pb）不同浓度梯度的重金属和一定浓度的蓝藻毒素（设置不加重金属空白对照），在自然光直接照射下，分别在

2h、6h、24h、36h、48h、72h、7d、12d、24d 取样测定蓝藻毒素浓度，计算不同实验组水体毒素降解速率。采集无污染健康沙粒，加少量水搅拌后添加不同浓度和种类的重金属（拟选 Fe、Cu、Pb）及一定量蓝藻毒素（设置不加重金属空白对照），恒温恒速旋转混匀培育，定时取样后用 EDTA -焦磷酸钠提取液提取底泥样品中的蓝藻毒素并测定，计算不同实验组底泥降解速率。

5.2　主要结果与结论

5.2.1　分配比影响

图 5.1 所示为重金属对蓝藻毒素在泥水相中分配比的影响。

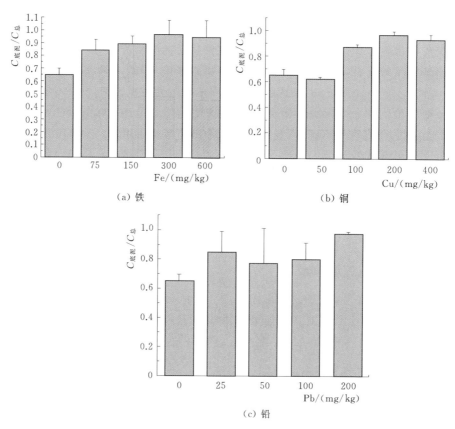

（a）铁　　　　　　　　　　　　（b）铜

（c）铅

图 5.1　重金属对蓝藻毒素在泥水相中分配比的影响

如图 5.1（a）所示，在空白不添加重金属元素组的实验中，底泥吸附了毒素总量的约 65%，水相中分配了约 35%，该结果表明在野外自然水环境中，大部分蓝藻分泌的毒素可能最后进入了泥相中，随后被微生物降解，只有少部分毒素停留在水柱层。蓝藻毒素是一种有机分子，其表现的特性主要是有机物特性，对底泥等非极性物质具有较强的亲和力，底泥是自然环境下蓝藻毒素的主要归趋地之一。随着重金属铁 Fe(Ⅲ) 的不断加入底泥中蓝藻毒素的比例持续上升［图 5.1(a)］，当铁的添加量达到 600mg/kg 时，进入泥相的微囊藻毒素占总毒素的量达到近 95%，绝大部分毒素由水相迁移转入了富含重金属的泥相中。同样的现象也发生在铜和铅实验添加组，随着铜、铅添加量的不断升高，蓝藻毒素在泥相中的占比由 65% 升到近 100%。微囊藻毒素是一种单环七肽化合物，在毒素的环状结构上存在 2 个以上自由羧基和 7 个羰基，以及数目不等的氨基和羟基，这些官能团都是与金属离子发生快速络合反应的优良配位物，Humble 和 Yan 等（2000）的实验结果表明铜、铅、锌、铁等金属元素均能与微囊藻毒素发生络合反应产生具有一定稳定性能的络合产物。当水体中添加有大量重金属元素时，由于重金属向泥相的不断沉积，蓝藻毒素也因为络合反应会随着重金属沉浸而转移进入泥相中沉积。因此在重金属污染严重的湖泊，在毒素一次分配中，重金属含量越高的地区，底泥毒素的含量可能也会越高，重金属污染地区同时也会加重蓝藻毒素污染。

5.2.2　重金属对蓝藻毒素光降解过程的影响

在自然状态下，太阳光中的紫外部分具有高能量，能够将微囊藻毒素分子逐步光降解。图 5.2 所示为重金属对微囊藻毒素光降解作用的影响，图中纵坐标 C/C_0 为毒素实时浓度与初始浓度之比。从图 5.2 的结果中可以看到，在 24d 时间里，自然光对初始浓度 50μg/L 的微囊藻毒素的降解效率约为 60%，同时添加的铁、铜和铅均对微囊藻毒素的光降解反应起到了促进作用，其中尤以铁的促进作用最为明显；在 4d 的反应时间里，当铁的添加量达到 600mg/kg 时，其对微囊藻毒素的降解效率可提高约 80%。上述 3 种重金属均具有光化学反应降解毒素的潜能。在前期工作中采用了高分子化合物富集高密度的铁离子在表面，并用于微囊藻毒素的去除。当该铁离子材料在偏酸性环境中时，微囊藻毒素几乎全部被氧化降解掉。铁离子的光催化氧化反应主要是通过芬顿反应及类芬顿反应完成，通常是指由过氧化氢和催化剂 Fe^{2+} 组成的氧化体系。近年来芬顿反应和类芬顿反应的研究较多，有很多用于微囊藻毒素降解的报道。其基本原理也是依靠羟基自由基的氧化来实现的。羟基自由基的氧化能力强，标准氧化电势达到了 2.8V，可以将绝大多数自然水体中的有机物直接彻底氧化分解。

$Fe^{2+}+H_2O_2\longrightarrow Fe^{3+}+OH^-+\cdot OH$，$Fe^{3+}+H_2O_2\longrightarrow Fe^{2+}+H^++HO_2\cdot$

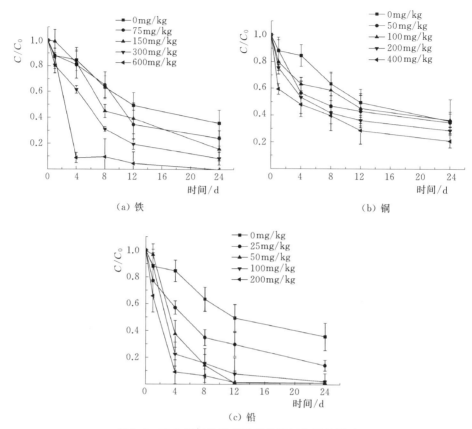

图 5.2 重金属对微囊藻毒素光降解作用的影响

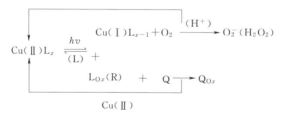

图 5.3 铜的光化学氧化循环

$$Fe^{3+} + HO_2 \cdot \longrightarrow Fe^{2+} + H^+ + O_2, \quad \cdot OH + H_2O_2 \longrightarrow H_2O + HO_2 \cdot$$

$$Fe^{2+} + \cdot OH \longrightarrow Fe^{3+} + OH^-, \quad RH + \cdot OH \longrightarrow R \cdot + H_2O$$

$$R \cdot + H_2O_2 \longrightarrow ROH + \cdot OH, \quad R \cdot + Fe^{3+} \longrightarrow Fe^{2+} + 产物$$

$$R \cdot + O_2 \longrightarrow 产物$$

在水环境中铜主要以 Cu（Ⅱ）络合物的形式存在，它可以吸收太阳辐射，通过金属配体电荷迁移（ligand‐to‐metal charge transfer，LMCT）机理还原成 Cu（Ⅰ），因此 Cu（Ⅰ）在表层水体中的含量较高。Cu 最外层的 d 轨道电子处于饱和状态（$3d^{10}$），与电子数为 $d^{1\sim9}$ 的金属不同，配体的配位场对它的稳定作用较弱，但是在光照条件下，配位场中的电子会转移到铜的 s 和 p 轨道上，产生还原态的 Cu（Ⅰ）L_{x-1}（或 Cu^+）和一个配体的自由基。还原的 Cu（Ⅰ）又能在水中被氧化成 Cu（Ⅱ），形成了铜的光氧化还原循环（图5.3）（徐珑等，2005）。因此水环境中的铜对天然有机物（如微囊藻毒素）具有潜在的光催化降解功能，对微囊藻毒素的光降解均有促进作用。

铅与上述两种金属元素类似，可以通过光化反应产生其他中间氧化态物质氧化蓝藻毒素，或者在水体中生成微小纳米级化合物粒子参与光催化反应（如 PbS 光催化）。此外，锌、镉、钛、钨等元素也均能以氧化物形式发生光催化氧化还原反应。鄱阳湖和滇池等大型湖泊均在不同程度上受到了重金属污染，其中铜、铅、锌、镉等问题尤为突出，这些重金属由于对蓝藻毒素具有光催化降解反应，水体中特别是上覆水中的蓝藻毒素可能因此会有一定程度的下降。对于大型浅水湖泊而言，由于水深较浅，太阳光能够照射达到底泥表层。因此受重金属污染的大型浅水湖泊，其表层水毒素浓度可能较低，其底泥中的蓝藻毒素也会因为重金属的光催化降解而较低，两污染物间的联合作用可能以拮抗作用为主。而对于水深较深的湖库而言，一旦暴发蓝藻水华水体受到毒素污染，其表层水毒素浓度可能较低；对于底泥，其通过络合作用吸收积累了大量毒素，但由于光降解作用微弱，其含量可能会较高，毒素污染与重金属污染可能以协同促进方式加剧风险。

5.2.3　重金属对蓝藻毒素生物降解过程的影响

大量研究表明，天然水体中微囊藻毒素的一个主要归趋途径为微生物降解，尤其是在富含有机物及营养盐的底泥层中（Grutzmacher et al.，2010）。当底泥受重金属污染时，其胁迫作用对毒素的生物降解至今未有深入研究。如图5.4（a）所示，当铁的添加量在 75mg/kg 浓度以下时，铁对毒素的生物降解起到了明显的促进作用。细菌生长繁殖需要多种营养盐维持，各类金属元素也是细菌生长必不可少的营养物。低浓度的铁有利于细菌生长繁殖从而加速微囊藻毒素的降解。但当重金属铁的浓度持续升高时，蓝藻毒素的降解作用发生了明显的改变，抑制效应起到了主要作用，当铁的添加量达到 300mg/kg 时，蓝藻毒素的降解效率下降了一半以上。同样的现象也发生在铜和铅的实验组中，当添加的铜或铅浓度不断升高时，蓝藻毒素的生物降解效率不断降低。

重金属对细菌的负面影响可能主要体现为两个方面的作用：一方面，重

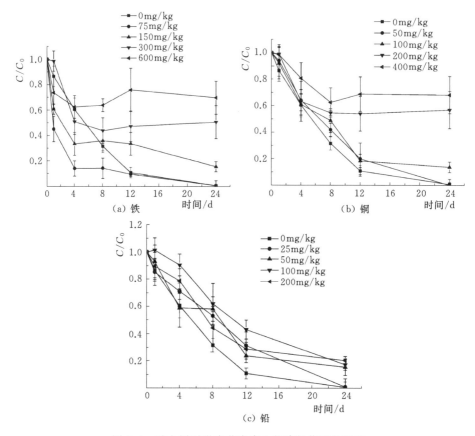

图 5.4 重金属对微囊藻毒素生物降解作用的影响

金属由于自身的毒性，可以与细菌体内的各种酶发生反应，一旦生成稳定的反应产物，该酶将完全丧失或部分失去催化功能，从而影响微生物的代谢效率甚至杀灭环境中的微生物。另一方面，水体中的重金属通常含量很低，当重金属浓度不断升高时，主要发生水解反应，生成絮凝状沉淀物沉入底泥中，一旦絮凝作用发生，大量微生物表面由于带负电荷，极容易被这些带正电的阳离子絮凝剂絮凝聚集，微生物不但丧失了活动能力，而且由于聚集反应，微生物群体的比表面积呈几何级数下降，微生物群对外界物质的吸收交换和降解速率也极受到抑制，从而降低了微生物对蓝藻毒素的降解能力。天然水体中的重金属含量一般较低，只有发生高浓度的重金属污染才容易产生上述的抑制效应，而重金属在从污染源排放出来后的输送过程中不断发生絮凝沉降，当到达湖区时其主要以化合物形式存在，对微生物的生物活性抑制及絮凝作用均发生了较大程度的下降，因此其抑制作用可能不会如人工模拟实验那么明显。

5.2.4　重金属对水生植物及底泥吸收毒素的影响——生态模拟实验

5.2.4.1　对凤眼莲（水葫芦）吸收蓝藻毒素的影响

研究表明浮水植物凤眼莲能够生长在含重金属化学药品的废水中，对重金属具有较高的耐受力和吸收能力，因此凤眼莲既能用于水体营养盐的吸收，又能用于各类重金属污染水体的净化修复（Rezania et al.，2015；Zheng et al.，2016）。在天然水体中，重金属元素并非像实验室标准溶液中一样以自由离子形式存在，而是大部分形成水合物或者与有机分子结合（如与微囊藻毒素分子结合）形成金属-有机物配体化合物形式存在水中。凤眼莲强大的吸收重金属元素的能力，使得那些与金属离子络合形成络合物的蓝藻毒素也一起进入了凤眼莲体内，凤眼莲对重金属的吸收也顺带对微囊藻毒素进行了吸收。从图5.5中可以看出，随着铁、铜、铅等重金属浓度的不断加大，凤眼莲体内的蓝藻毒素浓度也逐渐升高，其提升幅度几乎都在300％以上，重金属对凤眼莲吸收毒素具有协同促进作用。另外，研究表明，重金属离子能够改变部分低等植物（如莱茵衣藻）的细胞通透性，从而加大水体污染物进入植物体内的量。如

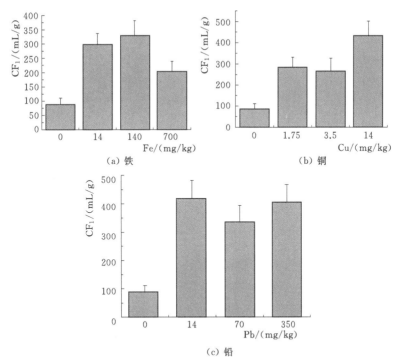

图5.5　重金属对凤眼莲吸收积累微囊藻毒素的影响

（注：$CF_1 = C_{植物}/C_{水}$，代表毒素滞纳能力的强弱；$C_{植物}$为植物中微囊藻毒素的浓度，ng/g；$C_{水}$为水中微囊藻毒素的浓度，ng/mL。）

蓝藻分子量较大（接近 1000），一般情况下微囊藻毒素分子不容易直接进入生物体内，但当生物细胞分子的通透性增大时，其或能直接进入生物细胞中。

因此，在天然富营养化水体中，那些对重金属吸收能力较强的浮水植物，其体内富集吸收蓝藻毒素的风险很高，人类应当努力避免摄食这些植物的组织。但对于蓝藻毒素的去除工作，本书或许提供了一个全新的蓝藻毒素去除方案——选用凤眼莲吸收富营养水体中的氮磷化合物的同时，向水体中添加一些无毒的金属化合物比如铁，从而促进凤眼莲对蓝藻毒素的吸收。

5.2.4.2 重金属对底泥吸收滞纳蓝藻毒素能力的影响

对于被重金属污染的底泥，当毒素在泥-水相达到平衡时，重金属含量越高，毒素分配量也越高。但上述平衡过程时间非常短，往往在 4h 内就完成了平衡，毒素在平衡后还存在着各种的迁移转化，最典型的有生物降解，同时在有光照底泥的浅水环境下，还存在着不同程度的光氧化降解。在本次生态模拟实验中，模拟装置的水深平均约为 0.45m，且水体和玻璃壁透光度极好，太阳光可以直接照射到底泥表面，因此底泥中的高含量重金属极有可能与毒素等其他有机物进行光化学反应。如图 5.6（a）所示，对于没有重金属污染的底泥，其毒素相对滞纳能力约为 1100mL/g，随着实验组铁的加量不断升高，底泥残留毒素的能力不断下降，当铁的添加量达到 700mg/kg 时，其毒素相对滞

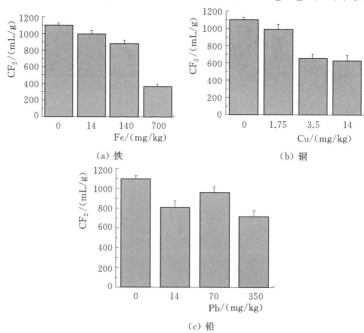

（a）铁　　　　　　　　　　（b）铜

（c）铅

图 5.6　重金属对底泥积累微囊藻毒素的影响

（注：$CF_2 = C_{底泥}/C_{水}$；$C_{底泥}$ 为底泥中微囊藻毒素的浓度，ng/mL。）

纳能力下降到约 320mL/g，降幅达到了 70%。同样的现象在铜实验组和铅实验组中均有发生，铜、铅的添加量升高时，对应实验组的底泥滞纳毒素能力不断下降。这表明，在阳光可以达到底泥的条件下，特别是在众多大型浅水湖泊中，受重金属污染区域的底泥，其滞纳蓝藻毒素的能力较低，而催化光降解蓝藻毒素的能力却不断升高，在大型浅水湖泊底泥安全状况中，重金属污染与蓝藻毒素污染起拮抗作用，二者不会叠加造成毒素富集风险。但对于那些深水湖泊，阳光不能照射到底泥层，或者水体过于浑浊，水底完全照不到光的条件下，由于缺乏金属的光反应降解，重金属污染的底泥则可以依靠吸附平衡从而滞纳更多的蓝藻毒素，其重金属污染与蓝藻毒素污染则起到了加成作用，毒素风险加剧。

5.2.4.3　重金属对水产品积累蓝藻毒素能力的影响

本次实验用的水产品为泥鳅。泥鳅喜欢栖息于静水的底层，常出没于湖泊、池塘、沟渠和水田底部富有植物碎屑的淤泥表层，对环境适应力强。泥鳅为杂食性小型鱼类，主要夜间觅食，捕食浮游生物、水生昆虫、甲壳动物、水生高等植物碎屑以及藻类等，有时亦摄取水底腐殖质或泥渣。本次实验由于水深较浅，泥鳅栖息在光照可以直接到达的底泥表层，在这个表层上，光化学反应进行得最为剧烈，因为绝大部分重金属都沉降到这个表层。因此在各个实验组中，重金属添加量越高，光反应也就越剧烈，从而可以看到图 5.7 的结

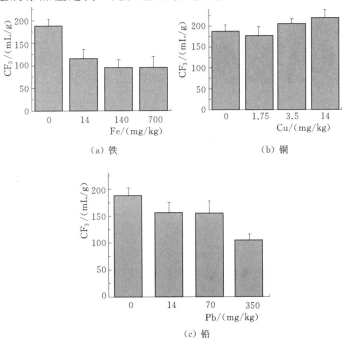

（a）铁　　　　　　　　　　　（b）铜

（c）铅

图 5.7　重金属对泥鳅积累微囊藻毒素的影响

（注：$CF_3 = C_鱼 / C_水$；$C_鱼$ 为泥鳅中微囊藻毒素的浓度，ng/mL。）

果——在铁和铅实验组，由于铁和铅具有较强的光化学反应能力，其降解蓝藻毒素能力比铜显著，因此添加量越高，在泥水层面毒素被降解的也越快，泥鳅生活在这个层面上时受毒素污染的风险就相对较小，体内积累的蓝藻毒素量就会较少。所以泥鳅体内的毒素积累量随着重金属铁和铅的升高而不断下降。对于铜元素的添加，虽然铜具备一定的光降解能力，但在很低的浓度条件下，其光反应活性较低，即使很高的添加量其对毒素的光反应促进作用依然有限，因此泥鳅在这个层面依然会摄入较多的蓝藻毒素。另外，重金属铜对泥鳅具有一定的毒害作用，在受到铜的胁迫下，泥鳅的体细胞可能会受到一定的破坏，如果细胞通透性和莱茵衣藻一样得到了增强，其吸收毒素的能力也会相应提升，因此铜的添加则可能会提升泥鳅吸收滞纳蓝藻毒素的能力。但由于研究的局限，该部分机理尚需要分子生物学来加以解释。

5.3 鄱阳湖生态调查结果

图 5.8 为鄱阳湖蓝藻毒素与重金属联合污染调查点位图。从图 5.9 中可以

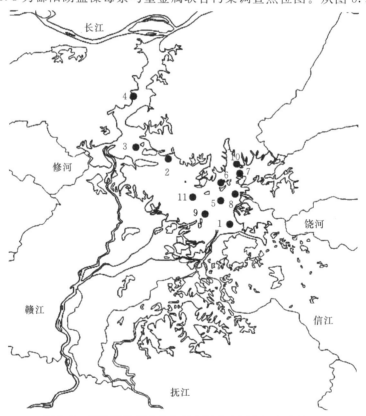

图 5.8 鄱阳湖蓝藻毒素与重金属联合污染调查点位图

看到，由于受乐安河等入湖河流上游重金属矿藏开采影响，鄱阳湖受到了较为严重的重金属污染，铜含量远远超过鄱阳湖地区土壤的背景值，3号点位铜的含量高达近 1000mg/kg，超过了国标安全限值的近 9 倍，此外还有 3 个点位也超过了国家安全标准，其他各个点位也几近超标。铅污染较铜污染更加普遍，11 个点位除 1 个点位勉强在超标线附近下面外，其他点位均超过国家安全标准，3 号点位超标了近 6 倍，超标程度较为严重。锌污染有 4 个点位超国家安全标准。镉污染具有较强的地域性，背景值几乎就已全部超标，所有点位镉污染均全线超标，部分点位超标也近 10 倍。重金属污染物对鄱阳湖蓝藻毒素是否同样具有光反应活性或吸附活性尚无任何前期研究。

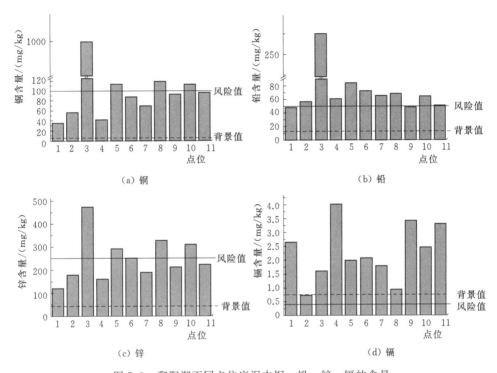

图 5.9   鄱阳湖不同点位底泥中铜、铅、锌、镉的含量

鄱阳湖重金属污染物在水柱中的垂直空间分布与其他湖泊分布一致，一般越靠近底泥部位，其重金属含量就越高。重金属大部分以络合配位态存在，并主要沉降在底泥中，因此离底泥位置越近的地方，其自由扩散的金属浓度也越高。对于部分湖泊水体，表层水重金属含量低，中层水体重金属浓度升高，底泥上覆水浓度最高。鄱阳湖蓝藻细胞分布较为不规律，蓝藻通常为了光合作用，白天均上浮到水体表层，因此在阳光照射充足、风浪较小的条件下，蓝藻主要分布在水面至水下 0.5m 的水层中。但对于很多大型浅水湖泊而言，蓝藻

的垂直空间分布还会受到激烈的水流和风浪搅动影响，比如 10 月枯水期的鄱阳湖。从图 5.10 中可以看到，由于受采样期间多云阴天的影响，鄱阳湖大部分点位蓝藻并没有显著分布在表层，有接近 4 个点位蓝藻主要沉到了下层水体，只有 2 个点位的表层蓝藻细胞占优势。蓝藻毒素由蓝藻细胞产生和释放，同时又会与重金属发生络合，并受环境中非常多的因素的影响，包括温度、pH、离子强度等，因此蓝藻毒素的空间分布因素可能受影响的因素更多。从图 5.10 中的毒素空间分布可以看到，蓝藻毒素的分布与重金属及蓝藻自身的分布均有较大差异，毒素虽产自蓝藻细胞，但其作为独立的一种环境化学物质，并不会随蓝藻的分布而跟随一样的趋势分布。鄱阳湖蓝藻毒素主要分布在水体中层，平均占毒素总量的约 50%，其余 50% 分布在下层水和表层水中。该毒素空间分布规律可能和鄱阳湖受重金属污染有紧密的联系，由于各种重金属污染物的存在，鄱阳湖蓝藻毒素与重金属间存在较强的光反应活性，表层水含有重金属同时可以直接接受大量太阳光的照射，因此毒素分解较多，浓度偏

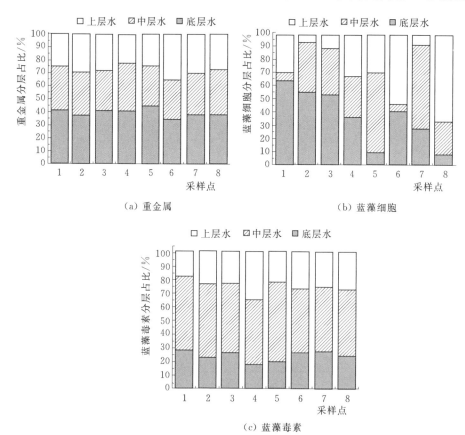

图 5.10 鄱阳湖水体重金属、蓝藻细胞、蓝藻毒素的垂直空间占比分布

低。由于浅水季节，鄱阳湖大部分水体较浅，阳光可以部分照射到底泥底部，底泥表层沉降了大量重金属，其上覆水中的重金属浓度也在水柱中最高，因此光化学反应活性底泥部分也十分活跃，底泥表层的重金属浓度也较低。而处于中层的水体，在接受阳光照射方面比表层水条件差，在重金属光反应活性上又比底泥表层的弱，毒素的降解相比表层水和下层水弱，因此中层水体残留的毒素浓度也最高。但对于深水湖泊，上述结果可能和重金属毒素分布较为一致，因为底泥重金属不存在光反应活性，重金属主要以吸附蓝藻毒素为主，重金属含量越高的水层，毒素占比也会越高。对比鄱阳湖 8 个分层采样点位的重金属含量和底泥相对吸附毒素量可以发现，对于绝大部分，底泥重金属含量越高的地方，其蓝藻毒素相对吸附量也越小（见图 5.11），二者甚至呈现极高的线性负相关性，毒素吸附量与底泥重金属含量的关系也直接印证了前面的假设。对于枯水季节的浅水鄱阳湖，在阳光直接照射湖床底部的条件下，底泥中的重金属具有较高的光反应活性，受重金属污染越重的点位，底泥相对存留的毒素量也越小。

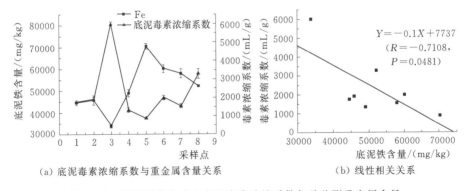

（a）底泥毒素浓缩系数与重金属含量关系　　　（b）线性相关关系

图 5.11　鄱阳湖各个点位底泥毒素浓缩系数与总监测重金属含量
关系及二者之间的线性相关关系

根据上述结论，对于很多大型浅水湖泊，为了避免蓝藻毒素对底泥附近生物的生态污染灾害，尽量降低该位置的蓝藻毒素浓度，或可以向湖泊水体抛撒适量的低毒光活性金属物质（例如铁），通过这个方式可以人为加大蓝藻毒素在野外环境中的光降解速率，减少蓝藻毒素在各个环境要素中的浓度分布，保障湖泊生态系统安全。

第 6 章

蓝藻水华控制技术开发与应用

富营养化是水生态系统被过量营养盐破坏,多种复合因素综合作用导致的,通常污染源复杂、治理难度大、周期长,依靠单一治理措施很难实现水体的恢复,一般需因地制宜采取综合防治措施去除营养物质,以恢复湖体水生态系统平衡为最终目标。从污染控制的角度出发,点源污染易于控制,而非点源输入的控制则需要很长时间。大部分地区蓝藻的治理更关注流域内生态环境的长期恢复,而对曾经因摄入蓝藻和藻毒素而致健康损害的地区,列在首位的安全措施则是避免直接饮用含蓝藻的饮用水。例如,巴西两座较大型的水库曾因严重的蓝藻暴发而导致水质恶化,在点源污染得以初步控制的前提下,采取了较多蓝藻应急措施,包括在取水塔附近水深最大的地方安装气帘及塑料挡板避免蓝藻进入取水塔,不使用强力除藻剂以避免藻毒素随细胞死亡破裂进入水体等。很多预控技术虽然无法从根本上解决蓝藻暴发的问题,但是对于水源地而言可以直接阻止蓝藻进入供水系统,因此被大量引入水库管理中。

6.1 治源控污

6.1.1 源头控制

首先要提高湖泊流域污水处理厂的脱氮除磷能力,增加污水管网的建设力度,使湖泊所在地周边乡镇的生产生活污水都能经过污水处理厂处理;开发科学施肥技术,降低农田氮磷流失。其次要努力推广生活节水措施,减少生活污水产出量,并且要减少面源污染,这是实现湖泊流域水环境治理目标的最重要的前提。水生植物的恢复需要以环境条件改善为前提,只有营养负荷降到一定程度,蓝藻水华才会逐渐消失。

6.1.2 截污控污

利用已有的水利工程设施,调整流域河网水系功能结构和水力过程,保育植被，恢复景观生态，有效发挥灌木和水生植物的水质净化功能，充分利用河网水系对流稀释、动力复氧、沉降吸附能力，建立生态干流与河渠，消除进入湖库流域的污染物。具体实施措施如下：

（1）前置库技术。前置库是富营养化治理的有效技术之一，通过前置库延长水力停留时间，增强泥沙及营养盐的沉降量，拦截营养盐。

（2）湿地处理技术。湖滨湿地和入湖河道堤岸湿地是拦截非点源污染的有效措施。

（3）水力学方法。引水冲刷是减少和稀释湖泊水体营养物质的有效方法，加快换水周期使得蓝藻来不及生长。

（4）底泥生态疏浚。该法是减少内源负荷和治理富营养化湖泊的一种重要措施，但成本高，适用于面积较小、风浪较弱的水域。巢湖的内源污染控制研究主要涉及物理的和生物的方法，例如，底泥清淤和生物控藻。底泥清淤是一种快速去除湖底沉积物中 N、P 等营养元素的物理方法，但也有研究认为如果内源污染负荷不能有效降低，清淤仅能产生暂时的效应，不久湖泊就会恢复原状。巢湖底泥清淤工程可行性研究始于 1998 年，清淤工程主要对临近合肥市和巢湖市的饮用水源区进行疏浚。根据巢湖底泥中污染物的分布特征，从表层向下依次为严重污染层、污染过度层和正常湖泥层，巢湖清淤工程着重清理严重污染层。由于湖体太大，清淤范围有限（4km²），从实施后的例行监测结果来看，巢湖的富营养化状况没有明显改善。

6.2 综合修复

6.2.1 水生植物为主修复

水生植物特别是沉水植物是浅水湖泊的重要组成部分，作为浅水湖泊重要的初级生产者，它们与藻类共同构成了调控富营养化进程最重要的关键生物类群，水生植物与藻类的竞争，决定了湖泊生态系统处于草型清水稳态或是藻型浊水稳态。

水生植物对藻类的控制作用可分为直接作用与间接作用。

直接作用包括：

（1）与藻类竞争营养物质和生长空间，遮挡光照；水生植物个体大，生命周期长，吸收和储存营养盐的能力强，能很好地抑制浮游藻类的生长。

（2）沉水植被覆盖度较高时，形成水下森林，水柱中氧分层和氧化还原电位分层明显，利于硝化反硝化的进行，导致水体中氮磷比严重失调，抑制藻类的生长。

（3）许多水生植物可分泌克藻化感物质，抑制藻类生长繁殖，已有许多研究指出挺水植物、浮叶植物尤其是沉水植物存在对藻类的克生效应。

间接作用包括：

（1）有效增加空间生态位，提高环境的空间异质性，为浮游动物和螺类提供隐蔽和产卵场所，可有效增加对浮游藻类和着生藻类的牧食压力，控制藻类的生物量。

（2）沉水植物能够抑制风浪和湖流，固持底泥，分泌助凝物质，促进湖水中悬浮物（包括藻类）的沉降，减少再悬浮和营养元素的释放；水生植物的根区泌氧有利于磷的固化，有效抑制藻类对沉积物营养盐的泵吸作用。

（3）沉水植物通过提供庞大的栖息表面积，形成高活性的生物膜系统，可有效捕获藻类，通过寄居在上面的周丛生物（细菌、真菌、原生动物、轮虫、线虫等）对藻类进行同化吸收，进而控制藻类的生长。

国内外众多研究表明，恢复或重建水生植被，是修复受损水生生态系统的关键环节。沉水植物与藻类在初级生产力上相当，并且二者生态位相似，对光能和生源要素产生直接竞争，沉水植被与藻类之间生产力的竞争对湖泊生态系统的演替和生态平衡起到重要的调控作用。水生植被对藻类的抑制作用可导致藻类数量急剧下降，并使藻类群落结构发生改变。恢复水生植物不仅能够全面改善湖泊水质的平均水平，而且可以提高湖泊生态系统的稳定性。水生植被是湖泊浊水稳态向清水稳态转换的开关及维持清水态的缓冲器，并最终决定了湖泊稳态转换发展方向的格局。

水生植物控藻的关键和前提是恢复或重建水生植被。目前，在富营养化浅水湖泊中恢复或重建水生植被特别是沉水植被仍是一个世界性难题。阻碍沉水植被恢复的主要难点在于：

（1）水体透明度低，不能满足沉水植物生存的光补偿点。美国佛罗里达州的奥基乔比湖 28 年的观测资料显示，沉水植物生物量与高水位呈负相关；加拿大门弗雷梅戈格湖沿岸带的坡度与沉水植物最大生物量之间表现出明晰的函数关系。导致浅水湖泊水体透明度低的非生物因素主要是风浪扰动引起的悬浮物增加，生物因素则主要是鱼类扰动。有研究表明，即使在没有藻类的浅水湖中，$600 kg/hm^2$ 的底栖生物食性的鱼类能使湖水的透明度下降到 $0.4 m$，养殖密度大于 $25 kg/hm^2$ 的底栖动物食性鱼对浑浊度有影响。

（2）水华发生较严重，水体叶绿素含量较高，这种藻型浊水状态与重污染内负荷叠加，使该系统具有强烈的延滞性和缓冲能力；浮游藻类个体小，生产力和周转率高，藻源内负荷已成为湖内营养盐的重要组成部分；浮游藻类对光照的严重遮蔽效应对沉水植物的生长型产生选择压力，因此富营养化水体中大量繁殖的藻类会对沉水植物产生明显的抑制效应。

（3）残存的沉水植物种子库不足，系统的自修复能力低下，需要人工强化措施的介入；北美湖泊沉水植物的恢复在很大程度上取决于原有种子库的状况以及种子在沉积物中的萌发能力。

（4）沉水植物的定植需要一定的基底条件，沉积物有机质的含量是决定沉水植物最大生物量的重要因素。植物的生长与水深、通气条件以及基质性质（如是否与砂土相混合）密切相关。

（5）沉水植物的自然恢复具有营养阈值限制条件（长江中下游浅水湖泊TN≤2mg/L，TP 为 0.08～0.13mg/L），富营养化水体通常超过这一阈值，导致自然恢复的障碍较大；丹麦 204 个湖泊夏季 TP、TN 浓度与沉水植物覆盖度的调查结果显示，当 TP≥0.1mg/L、TN≥2mg/L 时，沉水植物的覆盖度几乎趋于 0。

（6）草食性鱼类的放养对沉水植物的生长和群落结构产生强烈的影响。渔业强度较大时，对植被产生直接牧食和间接的破坏效应，其结果是导致植被的退化。Hanlon 在美国佛罗里达州的 38 个浅水湖泊进行的放养草鱼控草试验结果表明，每公顷水面放养 25～30 尾草鱼即可控制主要水生植物的生长。当大于此数量时，将超过水生植物的生长速率，对水生植被起到破坏作用。

鉴于水生植物特别是沉水植物在湖泊生态系统恢复过程及维持清水稳态生态学反馈机制中所起的关键作用，国内外在恢复水生植被方面开展了大量研究和实践，试图将以藻类为优势的浊水态水体转为以水生植物为优势的清水态水体。包括"生物操纵的开拓者"Shapiro 在内的许多研究者均认为生物操纵作为湖泊恢复的手段，必须恢复水生植物，才能维持清水态湖泊生态系统。

6.2.2　湖滨带的生态修复

湖滨带生态修复是湖泊治理与修复的重要内容。河岸植被带的缓冲能力表现为使溶解的以及颗粒状的营养物沉淀、结晶、非生物吸收或由缓冲带内的植物和微生物群落消耗或转化，从而减少入湖河道的营养物质，以改善水质。

6.2.3　原位控藻技术

6.2.3.1　物理控藻法

物理控藻法包括机械除藻、曝气-混合法控藻、超声波控藻、遮光控制、电磁波控藻等。物理方法由于不会带来污染物也不会导致生物入侵，因而是相对较为安全的方法，但也普遍存在能耗较高等缺点。在蓝藻堆积区，机械除藻是快速有效的方法，不但能去除大量的蓝藻，而且还能带走大量的营养盐。该方法对湖泊生态系统和水质都没有任何负面影响。但是该方法也存在诸多不足，如能耗较大、成本高；在藻浓度较低时，除藻效率急剧下降；收集的藻类还存在后处理和利用的问题。目前该方法的研究重点是开发高效节能的除藻设备和高效蓝藻收集系统，以及该技术的下游，即藻类的后处理及资源化技术。

曝气法和混合法分别单独使用，或者两种方法相结合使用，在湖泊中均有较多应用实例。曝气不仅可以通过改善水体氧环境来改善水质，还能起到改善水力学的作用。水体氧环境的改善可以改善水体中生物的生存环境、加快有机物质的降解、抑制底泥磷释放等。水力学的改变，可以破坏温度分层，抑制藻类光合作用等功能。其中两种典型的技术是空气扬水筒技术和密度流扩散技术。在浅水湖泊，尤其是小型景观水体中，曝气充氧、曝气-混合技术有较多的应用，如射流曝气技术等。曝气-混合法的优点是安全、效果较好；缺点是能耗较大、运行成本较高，但随着太阳能及风能的利用，运行成本有逐渐改善的趋势。

扬水曝气技术在欧美及日本等已有30余年的应用历史，早期用于深水港口防冻，在水库应用后发现具有极好控藻效果，并能显著降低水库底层铁、锰浓度。其工作原理为：通过高能空压机在扬水筒底部生成气弹，带动水流循环，造成库区表层水体与底层水体的剧烈交换，破坏夏季水华高发期在水库表层形成的温度跃层，使得积聚于该层的藻类被驱赶至水库底层，由于光照极低以及温度骤降等原因，藻类失去活性而逐渐消亡；同时因为水体交换而带来的均一效应，可使得原本在底层浓度较高的铁、锰得到稀释，沿水深方向上浓度逐渐趋于一致，并由于造流扬水所带来的复氧效应使污染物浓度得到进一步降低。扬水混合是以间歇地发射大型气弹来推动水体上升的，其扬水混合的效率远远高于以小气泡自由上升的提水混合效率。扬水筒中的气弹个体大，与水体的总接触面积小，因此，扬水筒本身基本不具备直接充氧功能，其充氧功能是通过促进上下层水体循环实现的。扬水筒循环混合效果及影响范围与水深有很大关系，水深越大，混合效果越好，一般要求水深大于10m。日本、美国、欧洲、南美洲所用的空气扬水筒，对于分层厌氧水库及湖泊水源的水质改善都有很明显的效果，藻类、氨氮等水质污染指标得到有效控制，从而大大降低了水厂的处理负荷。扬水筒提水性能优良，混合作用良好，但在我国有关扬水筒性能的研究还较少，使得扬水筒的设计缺乏充分依据，另外水筒本身不具备充氧功能，这也是一大缺憾。由于水库水分层后，上下层水体缺乏交换，底部处于厌氧状态，会造成底泥氮、磷、铁、锰释放，有机物厌氧分解，使水产生嗅味和色度。其中，含氮有机物在氨化细菌作用下分解为氨氮，由于厌氧不能进一步转化为 NO_3-N 和 N_2；底泥中与铁结合的不溶态的磷也随着铁的还原溶解而释放出 PO_4^{3-}；铁和锰由不溶态（Fe^{3+}、Mn^{4+}）还原为可溶态（Fe^{2+}、

Mn^{2+}），进而释放到水中。

超声波可以使抑制藻细胞分裂，同时可以使蓝藻细胞内伪空胞破裂，促使蓝藻下沉，通过降低蓝藻的光合作用和增强底栖动物的捕食作用达到控藻效果，因而超声波对蓝藻的抑制有一定的选择性。该方法虽然对水质不会带来负面影响，但对水生生态存在潜在危险。此外，超声波能耗较大，除藻范围有限，仅在小型景观水体中有一定的应用，大范围使用还需研究。

在直接影响蓝绿藻增殖的诸多环境因素中，相对于温度、营养盐、pH 等而言，光照强度是较为容易实施人为干预的因素。在日本的实际工程中，采用由聚乙烯中空板材拼接而成的单块面积高达上千平方米的六边形工程结构，虽然较为稳定，遮光控藻效果颇佳，但成本过高。未来该遮光技术在国内应用推广的关键点在于，如何针对水源地的特点设计低成本的大水面遮光结构，以及相应的工程实施方法。近年来，随着遮光板制备技术的发展，其成本也大为下降，但该技术对湖泊的自然属性有一定的改变。

6.2.3.2 化学除藻技术

化学除藻剂包括金属离子杀藻剂、絮凝剂、氧化剂、螯合剂等。化学方法中应用最多的是硫酸铜，其杀藻效果快，但持续时间短，而且容易带来铜离子污染。絮凝剂包括硫酸铝、聚铝等铝系絮凝剂，硫酸铁、氯化铁等铁系絮凝剂，黏土类絮凝剂以及高分子絮凝剂。絮凝剂除藻效果好，同时形成的絮体对水体中的磷有较好的吸附作用，但在风量较大时，絮体的沉淀效果受到影响。然而，絮凝除藻并未将藻清除出湖体，藻类沉淀的湖底仍然会发生一系列生物、化学变化。而且，絮凝除藻效果持续时间短，仅在应急除藻时有较多的应用。常用的氧化杀藻剂有漂白粉、二氧化氯，但氧化剂对水生生物存在较大的威胁，在天然水体中应用受到很大的局限性。一些配合性较强的高分子能和铁等微量元素结合，使微量元素的吸收和利用受到很大的限制，从而控制蓝藻水华的发生。

改性黏土除藻是另一种除藻方法。改性黏土的主要成分黏土矿物被认为是一种治理水华的天然凝聚剂，黏土通过改性后，絮凝效果提高，且用量大大减少。改性黏土将水体中藻类絮凝沉降后，水体透明度有很大的提高，同时还能去除水体中的 COD_{Mn}、N、P 等营养盐，这使得改性黏土除藻成为"立竿见影"且成本较低的除藻方法，也被认为是最具前景的除藻方法。此法因具有原料来源丰富、成本低、无污染、除藻效果好、见效快且易操作等优点而备受重视，广泛应用于淡水湖泊蓝藻水华的应急治理中。本书通过 1:15 的壳聚糖改性黏土对铜绿微囊藻（*Microcystis aeruginosa*）、集胞藻和小球藻分别进行絮凝试验，1h 后处理组水体表面的除藻率均在 95% 以上，3h 后除藻率达到 99%。

现行的改性黏土除藻技术也存在不足：

（1）改性黏土因藻株不同去除效果不一样。这主要是因为不同形态的藻株与改性黏土的结合能力不同，群体形态藻株大于单细胞形态藻株，螺旋形藻株大于直线形藻株，无胶被或薄胶被型藻株大于光滑厚胶被型藻株。试验表明，水华鱼腥藻（*Anabeana flos - aquae*）等因容易与改性黏土结合，比较适合于用改性黏土的方法去除，而群体形态的惠氏微囊藻（*Microcystis wesenbergii*）因胶被光滑，与改性黏土不易结合则不适用该方法。因此，在野外除藻应用时，不同水体应用效果千差万别。

（2）因改性黏土除藻方式为絮凝沉降，过多使用，残渣容易造成湖底淤积，而且并没有将营养物质带出湖泊，容易形成再次污染。

（3）很难筛选到高效而且对环境安全的改性剂，一些改性剂（如槐糖脂）在除藻时，絮凝体往往出现大量上浮现象，使得除藻不彻底。

6.2.3.3　生物控藻技术

到目前为止，国内外在不同湖泊和近海已经尝试了多种控制蓝藻水华和海洋赤潮的物理和化学方法，但受到在大型水域中的治理成本和二次污染等因素制约，治理成效不大。生物控藻技术因其以生物控制生物的绿色技术而被许多研究者认为是具有发展潜力的技术，特别是在蓝藻水华发生的早期加以运用将有可能阻止蓝藻的大量繁殖和水华的暴发。

根据蓝藻水华和赤潮暴发后期，微藻水华会在某个较短的时间内快速消失的现象，许多研究者认为这可能与溶藻菌和溶藻病毒的溶藻作用有关。溶藻细菌作为水华防治的可能微生物，已引起越来越多的关注。目前，国内外对溶藻菌的研究主要集中在溶藻菌的分离鉴定、溶藻效能及溶藻作用机理等几个方面。已报道的溶藻菌主要有黏细菌属（*Myxobacter*）、节杆菌属（*Arthrobacter*）、假单胞菌属（*Pseudomonas*）、弧菌属（*Vibrio*）、噬胞菌属（*Cytophaga*）、交替单胞菌属（*Alteromonas*）、交替假单胞菌属（*Pseudoalteromonas*）等。上述细菌多为革兰氏阴性菌，其作用对象比较广泛，既有蓝藻，也有硅藻和甲藻等。溶藻菌溶藻效能与环境影响因子有密切关系，因此围绕溶藻菌的抑藻与环境因子的关系和溶藻菌的抑藻与细菌浓度、宿主藻类的生长阶段和介质的关系等研究已有相当报道。普遍认为光照、温度、pH、营养条件、水环境中浮游生物等均对溶藻菌的抑藻能力产生重要影响；细菌浓度及菌龄也会影响溶藻效果。溶藻菌的作用机理方面主要包括直接溶藻和间接溶藻两种说法。直接溶藻作用方式是通过细菌同藻类直接接触后释放可溶解纤维素的酶消化藻细胞壁，进而逐渐溶解整个藻细胞。最新研究表明直接溶藻的溶藻物质存在于溶藻菌的细胞质或细胞膜中，已报道的这类细菌包括黏细菌属（*Myxobacter*）、弧菌属（*Vibrio*）、噬胞菌属（*Cytophaga*）等。间接溶藻主要包括细菌同藻竞争有限营养或细菌分泌胞外物质溶藻，这类细菌常见的有假单胞菌属（*Pseudo-*

monas）、弧菌属（*Vibrio*）、交替单胞菌属（*Alteromonas*）、交替假单胞菌属（*Pseudoalteromonas*）等。多数溶藻细菌能够分泌细胞外物质，对宿主藻类起抑制或杀灭作用，因此通过溶藻细菌筛选高效、专一、能够生物降解的杀藻物质已经成为开发杀藻剂的一个新思路。有关溶藻活性物质的研究，主要包括对氨基酸、抗生素、蛋白质、多肽及羟胺等的研究。通过分泌胞外杀藻物质是细菌溶藻的主要方式之一，此类溶藻细菌常见的有弧菌、黄杆菌、假单胞菌、交替单胞菌等，它们分泌的细菌杀藻物质种类很多，且特性各不相同。由于这些物质的纯化和鉴定难度较大，多数杀藻物质未被鉴定，溶藻机制不十分清楚，因此限制了对其溶藻机制的深入研究和试剂应用。

微生物控藻的方法在一些小型景观水体中有一定的应用。蓝藻死亡后，溶藻菌及蓝藻残体往往悬浮在水体中，水体透明度仍然较差；而且，蓝藻毒素也可能释放到水体中，有害代谢产物的释放有可能对其他原生动物、鱼类等产生毒害。因此，引入的溶藻菌带来的环境安全性值得关注。据国内外报道，向小型富营养化水体中投放有效微生物群能有效地控制蓝藻的生长。有效生物群是从自然界筛选出各种有益微生物，用特定的方法混合培养所形成的微生物复合体系，其微生物组合以光合细菌、放线菌、酵母菌和乳酸菌为主。有效微生物群的筛选将为湖泊蓝藻水华的治理提供新的手段。

生态操纵是控藻技术中的一个重要分支。其主要利用湖泊中水生生物对营养元素进行吸收利用和代谢，从湖中去除营养物质，从而达到减轻湖中污染负荷或调节生态平衡的目的。在北美的大湖区进行了较多的相关研究，取得了很多成果。巢湖的生物控藻试验研究从 1994 年开始，利用围栏放养鲢鱼来控制藻类的大量繁殖。通过对比试验结果表明，围栏内放养鲢鱼可有效降低水体总磷、高锰酸盐指数和叶绿素 a 的浓度，围栏内与围栏外湖区相比总磷、高锰酸盐指数和叶绿素 a 的浓度分别降低了 23.86％、8.53％和 11.83％。由于试验研究的方法、重复性和范围等较不完善，试验的结果是初步性的，没有很强的说服力，离实际应用还有一定差距。因而，对于巢湖的生物控藻需进一步开展研究。

通过品种改良、搭配和新养殖技术的使用，在生态功能区引入以浮游生物为食的鱼类，如鲢鱼、鳙鱼等。利用鱼类来稳定生态群落，平衡生态区系。通过鲢、鳙等鱼种的滤食作用，一方面可直接消耗水体中过剩藻类，另一方面可消耗利用水体中其他浮游生物，从而降低水体的氮、磷总含量，达到水体修复的目的。据测算，每产出 1kg 花白鲢将从水中带走 29.40g 氮、1.46g 磷、118.6g 碳。只要水体中鲢鱼、鳙鱼的量达到 $46\sim50g/m^3$，就能有效地遏制蓝藻水华。

该方面的典型案例有太湖贡湖湾的控藻研究。贡湖是太湖东北部靠近无锡市的一个湖湾，是无锡市的主要饮用水源地，水深在 1.8～2.5m。2007 年贡湖暴发了严重的蓝藻水华，引发了无锡市的饮水危机，因此中国科学院水生生物研究所谢平研究团队在该水域开展了旨在控制蓝藻水华的控藻试验。研究者们于 2008 年年底在贡湖设置了一个巨型围隔（320m×250m），围隔内外没有水交换。用于控藻的鲢鱼、鳙鱼于 2009 年 3 月投放到围隔内，放养的鲢鱼、鳙鱼的规格分别为 120～170g/尾和 80～120g/尾，鲢鱼、鳙鱼放养密度分别为鲢鱼 7.5g/m³和鳙鱼 1.1g/m³，共有 1200kg 和 180kg 鲢鳙鱼种被投放到该围隔内，然后他们按照监测点位监测了围隔内外的水质和浮游动植物组成及其变动格局。他们的研究结果显示，围隔内外藻类的季节变动格局基本类似：即围隔内外均呈现出 1—6 月以蓝藻（主要是微囊藻）和硅藻（主要是小环藻）为主、7—11 月以蓝藻（微囊藻）为主、12 月蓝藻迅速下降，隐藻和硅藻成为优势类群的总体格局。1—6 月围隔内藻类生物量大于围隔外的湖水，但在暴发水华的 7—9 月，围隔内的藻类生物量小于围隔周边湖水。围隔外湖水中蓝藻占了 90% 以上，但围隔内蓝藻仅占 40%～80%。在 1—6 月间围隔内微囊藻生物量较低，7 月微囊藻生物量迅速上升达到峰值，其在湖水和围隔内分别达到60.6mg/L 和 3.6mg/L。与湖水相比，水华期间围隔内的微囊藻生物量下降了94.1%。围隔内外微囊藻的年平均生物量分别为 0.61mg/L 和 7.62mg/L（谢平，2006）。

贝类是底栖动物，食物源往往是藻类和有机碎屑，且对藻类的吸收高于有机碎屑，是一种控制蓝藻水华的好的生物材料。投放贝类等底栖动物对水体中浮游生物的控制效应也十分明显，并有利于提高水体透明度。另外，上海海洋大学驯化了一种食藻虫来专门对付蓝藻。食藻虫是一种低等咸淡水甲壳浮游动物，身长仅 5mm，生存周期为 45d，既可吞食蓝藻，还可转化降解藻毒素。

随着工程实践的不断深入，许多研究者逐渐认识到，必须针对水环境特点将某几项单一技术进行组合形成联合技术才有可能实现水环境保护目标。较为典型的联合技术是物理-生态工程，其核心在于依靠物理工程，应用人工围隔技术在取水口周边建立软隔离带，阻隔藻类、其他悬浮物质及高浓度水团进入取水口，在软隔离带内恢复包括沉水植物、浮水植物、着生细菌及藻类在内的稳定健康的水生态系统，吸收水中营养盐，降低取水口藻类现存量。原位生物控藻技术被视为是长时间控制藻类水华的有效措施，这种方法利用浮游动物、鱼类及高等水生植物恢复自然水体生态系统，进而达到控制营养盐负荷及藻类生物量的目的。目前在东湖、太湖、玄武湖、塔山水库等能够改善水环境质量，恢复原有的生态系统并实现蓝藻消失，但一般这些方法需要较长的时间周期，对于水源地蓝藻水华而言缺乏时效性。

6.3 新型改性土壤的开发

应用表面活性剂等化学制剂改性修饰黏土矿物或者土壤已经在国内外开始应用，使得土壤的表面性质发生改变，由亲水性改为亲油性，以增大黏土矿物对于有机物的吸附能力，以便能够固定有机污染物。目前这类研究主要是以阳离子型表面活性剂改性修饰黏土矿物或者土壤为主。许多学者采用了不同的修饰改性剂对黏粒矿物进行修饰，主要分为单一修饰和混合修饰，单一修饰主要分为阳离子型、阴离子型和非离子型表面修饰剂对黏粒矿物或土壤的修饰改性。

以阳离子型表面修饰剂对土壤或黏粒矿物表面进行修饰的研究工作进行较多，Gao 等（2001）以 HTDMA（十六烷基三甲基胺）和 TMA（四甲基胺）修饰改性的 3 种土壤对氯苯、硝基苯和二氯苯进行了吸附研究，HTDMA 修饰土样吸附氯苯具有较好的效果，但 TMA 修饰土样较差。Sharmasarkar 等（2000）以 3 种有机阳离子 TMA、Adam、HDTMA 修饰蒙脱石吸附苯、甲苯、乙苯、o－，m－，p－二甲苯，吸附上述苯系物的大小顺序为 TMA 蒙脱＞Adam 蒙脱＞HDTMA 蒙脱。由于大多数黏粒矿物或土壤表面均带负电荷，因此以阴离子型表面活性剂修饰黏粒矿物的研究并不多见，苏玉红等（2001）研究了苯酚在水/阴离子有机膨润土界面上的吸附行为，并且初步探讨了阴离子有机膨润土对苯酚、苯的吸附性能、机理及影响因素。

为了增强对水中有机污染物的吸附，国内对混合型离子表面修饰剂对土壤或黏土矿物修饰以改进其对水中有机物的吸附方面进行了较多的研究，其方法主要是以双阳离子型和阴阳离子混合型修饰为主。在阴阳离子混合修饰中，陈宝梁等（2002）合成并研究了一系列阴-阳离子有机膨润土对水中苯酚、苯、对硝基苯酚的吸附作用及其机理。结果表明，阴-阳离子有机膨润土对水中有机物的协同吸附是分配作用和表面吸附共同作用的结果，其分配系数大于原土及单阳离子型有机膨润土，且与有机碳含量呈正相关。Chen 等（2002）以 HDTMA＋SDBS（十二烷基苯磺酸钠）混合修饰黄土，研究其对甲苯的吸附，研究结果表明，天然黄土对甲苯吸附较弱，修饰改性土对甲苯的吸附容量主要依赖于加入的 HDTMA＋SDBS 量。因为多数的土壤或者矿物质是带有负电荷的，所以主要是以有机阳离子型表面改性剂对土壤或者矿物质进行修饰改性。以十六烷基三甲基胺对膨润土修饰改性为例，对要改性的膨润土，要求蒙脱石的含量较高，季铵盐要有不少于一个的基团，碳原子数应该在 10～24 之间，以保证得到的改性修饰膨润土有较好的亲油性能。常见的有机修饰改性土的制备方法有两种，即湿法和干法。以水为分散介质，先除去土壤中的杂质，将土壤制成土浆液，含量为10％～20％，然后再进行高速剪切分散，使土壤的粒度达到黏土级。保持一定的土壤修饰剂/土壤比，将土壤浆液与表面修饰剂反应，最后从浆液中分离出修饰改性土壤，洗涤。目前在有机修饰改性土或有机修饰改性黏土矿物对有机物的吸附研究中，有机修饰改性土的制备均采取按土壤或黏粒矿物CEC的一定比例，加入表面修饰改性剂以湿法制备。湿法可现场制备现场使用。干法制备有机土壤的方法大致如下，将土壤和适量的表面修饰剂（占土壤重量的15％～55％）充分混合，在无水和高于表面修饰剂熔点的温度下反应5～30min，反应完毕，经研磨过筛，即可制得改性土壤。

李松涛等（2010）选用离子交换法制备了十六烷基三甲基溴化铵（CTAB），并以CTAB为改性剂改性蒙脱土，经改性后的蒙脱土对球形棕囊藻的去除能力比原蒙脱土有了明显的提高，投加10mg/L改性蒙脱土时，对藻细胞的去除效率便可达到85％，而10mg/L的原土除藻效果却不好。赵春禄等（2010，2011）研究了使用低浓度氧化剂或紫外对颤藻进行预氧化与PAC和高岭土混凝联合的方法去除颤藻，研究表明预氧化对颤藻生长具有抑制作用，减少了复合PAC、高岭土与藻在絮凝沉降阶段因藻细胞进行光合作用产生氧气而导致絮体沉降困难，且重新漂浮于水面现象的发生。施周等（2009）在絮凝剂聚合氯化铝（PAC）的基础上投加助凝剂高岭土和铁盐（$FeCl_3$），结果发现，助凝剂的加入可有效提高PAC絮凝除藻的效果，但氯化铁宜在絮凝开始3min后投加，预氧化和化学混凝联合使用的方法可以有效去除颤藻，但处理过程需要分两次进行。杜华琴等（2011）将黏土和聚合氯化铝铁（PAFC）联合起来使用混凝去除水体中的藻类，实验发现，黏土与PAFC联合使用去除藻细胞的效果比单独投加黏土或PAFC要好，加入黏土后大大提高了PAFC的除藻效果，当投加9mg/L的PAFC时，浊度和叶绿素a的去除效率均可达到90％以上。李松涛等（2012）制备了改性剂十二烷基氯化磷，并以此改性蒙脱土，20.0mg/L的改性蒙脱土去除初始密度为3.5×10^6cells/mL的藻细胞在48h后的除藻率大于90％。

6.4 改性土壤在蓝藻水华控制及水质净化中的应用

部分藻类〔如铜绿微囊藻（*Microcystis aeruginosa*）〕的细胞在水中是带负电荷的，较易与金属离子（如Fe^{2+}和Cu^{2+}）和带正电荷的有机物结合。带正电荷的金属离子加入到藻溶液中后，能引起藻细胞的聚集，在网状阳离子聚合物的卷曲和压缩作用下，细胞、金属和聚合物之间会产生交联反应，而后细胞不断聚集并逐渐演化到絮凝沉降过程，大部分其他污染物也将被吸附纳入藻类絮凝体上，使得藻类与污染物共同絮凝沉降到沉积物中并被细菌降解。当上述机制作用于富营养化水体时，有害藻细胞和水中的污染物便可同时被去除或净化。聚胺（主要有 PN 和 P126）是一类无毒/低毒的阳离子高聚物，价格相对便宜适合在野外广泛使用。聚合硫酸铁（PFS）也是一种廉价的水体净化材料。采用 PN 作为网状阳离子聚合物，PFS 则作为金属离子源。将两者与土壤混合形成 PN–PFS 土壤，用于去除有害藻华，其目的在于开发一种安全、经济、高效的材料来去除水域中的有害藻华和修复富营养化水体。

6.4.1　土壤材料特征

土壤样品取自于鄱阳湖周边（东经 116°29′29.96″，北纬 28°54′53.54″）。其基本特性见表 6.1 和表 6.2（土壤样品无机质含量较高，作为对比，对照土壤为有机质含量较高的土壤）。铜绿微囊藻购自中国科学院水生生物研究所淡水藻类培养物保藏中心，该铜绿微囊藻最初采自太湖，并在 BG11 培养基中培养（Gan et al.，2012）。聚胺（分子质量 20 万）购自苏州共聚物化工股份有限公司。聚合硫酸铁、聚合硫酸铁铝（PAFS）、硝酸钠、磷酸二氢钾、碳酸氢钠、腐植酸（HA）和水杨酸（SA）购自上海化学试剂公司。其他试剂为分析纯。

表 6.1　　　　实验土壤和对照土壤（Ⅱ）的基本特性

土　壤	pH	阳离子交换量 /(c mol/kg)	有机质含量 /(g/kg)	组　成		
				砂土/%	黏土/%	壤土/%
实验土壤	6.88	11.36	4.89	26.92	43.60	29.48
对照土壤（Ⅱ）	7.13	32.18	172.91	14.44	46.96	38.60

表 6.2　　　实验土壤和对照土壤（Ⅱ）中 Fe、Cu、Mg、TP 的含量

含量	实验土壤/%	对照土壤（Ⅱ）/%	含量	实验土壤/%	对照土壤（Ⅱ）/%
Fe	4.61	3.04	Mg	0.47	0.46
Cu	0.0037	0.0027	TP	0.026	0.13

6.4.2　土壤的改性

土壤经 100℃ 干燥后研磨，分别过 100 目、180 目和 300 目筛。称取 0.25g 土壤，加入 3mL HCl 溶液（pH=2.1），磁力搅拌 30min 进行活化。称取 0.04g 改性剂［主要有椰油酰胺丙基氧化铵（CAO–30），聚环氧氯丙烷

二甲胺（PN）等，详见后文〕和 0.04g PFS 加入活化土壤中，将混合物稀释至 50mL。实验时将 40mg/L 的改性土壤（土壤 30.3mg/L，改性剂为 4.85mg/L，PFS 为 4.85mg/L）加入到水华样品中。

6.4.3　微囊藻的去除

微囊藻采用 BG11 培养基培养，BG11 培养基具体配置流程如下：①将准确称量的 0.3g 柠檬酸、0.3g 柠檬酸铁铵、0.05g EDTANa$_2$溶解于蒸馏水中，定容到 100mL；②将准确称量的 30g NaNO$_3$、0.78g K$_2$HPO$_4$、1.5g MgSO$_4$·7H$_2$O 溶解于蒸馏水中，最后定容到 1000mL；③将准确称量的 1.9g CaCl$_2$·2H$_2$O 溶解于蒸馏水中，最后定容到 100mL；④将准确称量的 2g Na$_2$CO$_3$溶解于蒸馏水中，最后定容到 100mL；⑤将准确称量的 2.86g H$_3$BO$_3$、1.81g MnCl$_2$·4H$_2$O、0.222g ZnSO$_4$·7H$_2$O、0.391g Na$_2$MoO$_4$·2H$_2$O、0.079g CuSO$_4$·5H$_2$O、0.049g Co（NO$_3$）$_2$·6H$_2$O 溶解于蒸馏水中，最后定容到 1000mL。分别从①、③中各取 2mL，②中取 20mL，④、⑤中各取 1mL，最后放于 1000mL 容量瓶中定容得到 BG-11 培养基。

铜绿微囊藻浓度经过 BG11 培养基或者其他实验溶液从 6.0×10^9 cells/L 稀释至 2.97×10^9 cells/L。将改性后的土壤加入到装有铜绿微囊藻的 500mL 烧瓶中，与此同时用玻璃棒不断搅拌 15s。分别于 15min、30min、45min、60min、90min、120min 后收集烧瓶里水柱中层水样。为测试 N、P、C 以及有机物对微囊藻去除的影响，在加入改性土壤之前，在铜绿微囊藻中加入用超纯水制备的磷酸二氢钠，硝酸钠，碳酸氢钠，腐植酸和水杨酸溶液。

6.4.4　Zeta 电位的测定

由于粒子表面分布着净电荷，因此粒子界面附近的离子分布受到了净电荷的影响，导致粒子表面与之带相反电荷的离子浓度增加，因此，每个粒子的周围都分布着双电层。实验采用 Malvern Zetasizer 2000 测定电位仪测定样品时用进样注射器将混合均匀的待测样注入样品池内进行测量。

6.4.5　改性红壤的制备及微囊藻的去除

6.4.5.1　表面修饰剂的选择

目前使用较多的阴离子表面修饰剂，包括椰油酰胺丙基氧化铵（CAO-30）、月桂基两性醋酸钠（LAD-50）、甜菜碱（BS-12）、月桂酰胺丙基甜菜碱（LAB-35）、月桂酰基谷氨酸钠（LG-30），阳离子表面修饰剂包括聚环氧氯丙烷二甲胺（PN）。使用这些表面修饰剂去除微囊藻，选出其中去除效果最好的表面修饰剂作为最后选用的土壤表面修饰剂。结果见图 6.1，由于除藻效果最佳，PN 被选为最终的土壤表面修饰剂。

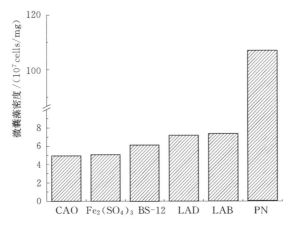

图 6.1　各表面修饰剂修饰土壤后对微囊藻去除效果

6.4.5.2　改性土壤对微囊藻的去除效果

水华样品中分别加入 PN、PFS、未改性土壤（过 180 目筛）、PN-土壤、PFS-土壤、PN-PFS-土壤和 PN-PFS-土壤（Ⅱ）后，对微囊藻去除效果见图 6.2。实验结果表明，单独投加 PN（浓度为 4.85mg/L）或者 PFS（浓度为 4.85mg/L）对铜绿微囊藻去除均未表现出较好的效果，仅观察到轻微的聚集效应。将土壤加入到 PN 溶液反应后，PN 改性土壤能稳定絮凝微囊藻。除此之外，在加入 PFS 后，PN-土壤的絮凝速度被大大加快。实验结果还表明，PN-PFS 土壤对微囊藻的去除效率明显高于 PN-土壤，而且 PN-PFS 土壤絮凝过程的稳定时间明显短于 PN-土壤（从大于 120min 到 45min；见图 6.2）。因此改性土壤将采用无机絮凝剂 PFS，有机聚合物 PN 和土壤相结合来

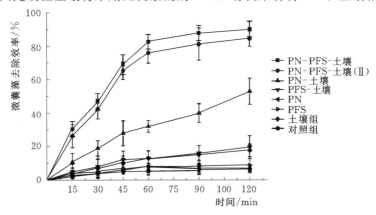

图 6.2　各絮凝剂对微囊藻的去除效果

去除微囊藻。用扫描型电子显微镜（SEM）能够清晰地观察到 PN - PFS 土壤加入前后微囊藻细胞的状态，结果见图 6.3。

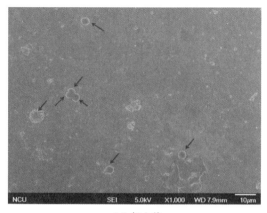

（a）加入前

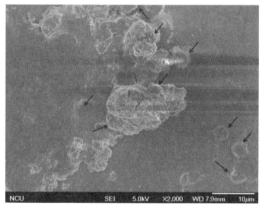

（b）加入后

图 6.3　PN - PFS 土壤加入前后微囊藻细胞的电镜图

　　作为对比，另一种具有高有机质含量特征的 PN - PFS 土壤（Ⅱ）同样也用于微囊藻去除。结果表明，PN - PFS 土壤（Ⅱ）的微囊藻去除效率稍低于 PN - PFS 土壤，当将实验中使用的 PFS 替换成 PAFS，也得到了相似的结果（图 6.4），即 PN - PAFS 土壤的微囊藻去除效率仍要高于 PN - PAFS 土壤（Ⅱ）。

　　微囊藻属（如铜绿微囊藻）的吸附特性与外表面蛋白质、多肽和多糖的 C、O、P 组成有关（Hadjoudja et al.，2011）。由于这些官能团的存在，微囊藻细胞在 pH 为 6~10 的天然水体中带负电荷（图 6.5），其可与有机阳离子和金属离子结合，从而达到聚合的效果。如果没有合适的重力作用该聚集效应并不会导致絮凝，而土壤的加入能很好地解决这个问题。一般而言，同时投加

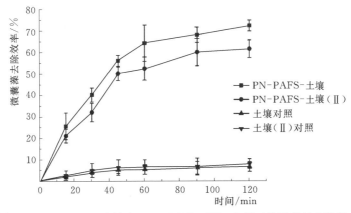

图 6.4　PN–PAFS 土壤和 PN–PAFS（Ⅱ）土壤对微囊藻的去除效率

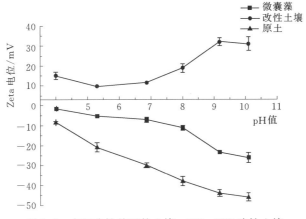

图 6.5　未经改性处理的土壤、PN–PFS 改性土壤
和微囊藻细胞的 Zeta 电位

无机絮凝剂（如 PFS）和有机聚合物絮凝剂会增强网捕和架桥作用，且污染物也能经由交联反应而捕获，该协同效应提高了絮凝效果，这种机制在其他的废水处理方法中已有应用（Entry et al.，2003）。结果表明，加入 PN–PFS 土壤处理后微囊藻细胞表现出稳固的卷捆、折叠或压缩效果，这主要是由 PN–PFS 土壤的网捕和架桥作用引起的，网状聚合物能够牢牢俘获微囊藻细胞，将其絮凝到沉积物中。

　　这种去除效率的差异可能主要是由土壤特性差异造成的。实验所用土壤所含金属离子含量（如 Fe^{2+} 和 Cu^{2+}）要高于有机土（Ⅱ），酸活化后，土壤中的金属离子含量更高，能产生更多的活性位点用于吸附藻细胞。虽然已有研究指出高有机质土壤具有更多的吸附官能团，从而在有机物吸附方面表现出很大的优势（Sathishkumar et al.，2010），但是这种优势在微囊藻去除实验中并未体现，实验过程中这些藻细胞的外表面也含有许多的有机官能团。因此，通过土壤中金属离子或 PFS 与藻细胞的络合反应产生的网捕和架桥作用可能是微囊藻去除的关键机制。

6.4.5.3　颗粒大小和剂量对微囊藻去除的影响

土壤颗粒大小是影响藻类去除的重要因子，土壤粒径对微囊藻去除效率的影响见图 6.6。结果表明，土壤分别过 180 目筛和 300 目筛的微囊藻去除效率远高于土壤过 100 目筛，说明土壤粒径越小，藻类去除效率越高。改性土壤絮凝微囊藻主要包括聚集和沉积过程。在相同改性土壤剂量下，3 种不同粒径土壤颗粒按絮凝量大小依次为 300 目、180 目、100 目。

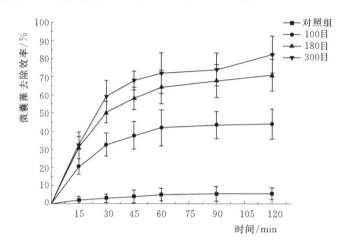

图 6.6　土壤粒径对微囊藻去除效率的影响

（藻密度 3.17×10^9 cells/L，土壤 40mg/L）

藻类去除效率与剂量的动态变化曲线见图 6.7。结果表明，随着改性土壤

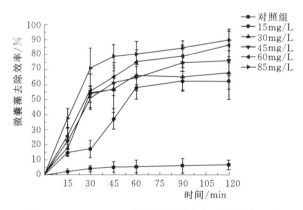

图 6.7　PN-PFS 土壤剂量对微囊藻去除效率影响

剂量的增加，藻类的去除效率随之提高，藻类去除达到平衡状态的时间随之缩短。改性土壤的加入后，带负电荷的微囊藻细胞被带正电荷的 PN－PFS 土壤中和并沉降。当改性土壤的剂量为 30～45mg/L 时，几乎所有的藻细胞都被中和沉降。

土壤颗粒数量越多，微囊藻能够结合的活性位点就越多，形成的藻类絮凝体也就越多。PN－PFS 土壤通过网捕和架桥作用，能够有效地将较小的藻类絮凝体聚集成较大的藻类絮凝体，并最终使藻华从水体中去除。然而，在实际应用中，想要获得更小的土壤颗粒粒度意味着消耗更多的能量和更高的使用成本，这将限制改性土壤的大规模应用。综合考虑藻类去除效率和成本，通常选用 180 目土壤。

当改性土壤的剂量为 40mg/L 时，藻类与土壤组成的絮凝体达到理论等电点（图 6.8）。随着带正电荷的 PN－PFS 土壤的继续投加，藻类絮体与过量改性土壤的净电荷开始带正电，带正电荷的藻类絮体之间可能会发生排斥作用，从而阻碍藻类继续聚集，延长沉积时间。在这种情况下，微囊藻的去除效率将会下降，但在本实验中当改性土壤剂量大于达到等电点的剂量时，结果并没有观察到这种现象。当改性土壤的剂量从 45mg/L 增加到 85mg/L 时，微囊藻的去除效率仍在继续提高。这一发现表明，在除藻过程中，由络合反应产生的网捕和架桥作用在改性土壤与藻类细胞间发挥了重要作用。络合反应产生的聚集效应可以克服静电排斥，随着带正电荷的改性土壤的增加，藻类的去除效率也增加。实际应用中改性土壤的最佳投加量主要由藻华细胞密度来决定，不建议使用超高剂量的 PN－PFS 土壤。已有学者研究表明，水体中铁的富集（如实验中用到的 PFS）将促进微囊藻生长，但却不会刺激微囊藻产生更高含量的微囊藻毒素（Sevilla et al.，2010；Xu et al.，2013）。过量的 PN－PFS 土壤可能

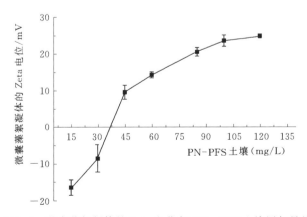

图 6.8　微囊藻絮凝体的 Zeta 电位与 PN－PFS 土壤添加量关系

导致水中铁的富集,从而刺激第二年微囊藻的生长。此外,PN 是由 C 和 N 化学合成的聚氨,当沉淀至沉积物中并被生物降解后,PN 可能转化成微囊藻生长所需的 C、N 营养盐,从而有助于微囊藻的增殖。因此,过量使用 PN 也具有刺激微囊藻增长以及增加水体高锰酸盐指数的风险。

6.4.5.4 pH 的影响

水体 pH 对微囊藻去除效率的影响见图 6.9。微囊藻毒素的去除效率与水体 pH 呈正相关关系,水中高 pH 条件有利于微囊藻的絮凝。

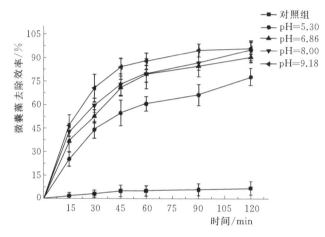

图 6.9 pH 对微囊藻去除效率的影响

在大多数发生水华的富营养化水域,pH 基本都大于 8,因此适用于使用 PN-PFS 土壤去除藻类。藻类表面既有带正电荷的官能团（如 $[R{-}OH_2]^+$ 和 $[R{-}COOH_2]^+$),也有带负电荷的基团（如 $[RO]^-$ 和 $[R{-}COO]^-$)。当水体 pH 升高,带正电荷的官能团则减少;反之,当水体 pH 下降,则带负电荷的官能团增加。因此,藻类的净负电荷量随 pH 的升高而增加。改性后的土壤电荷状态由带负电荷转变为带正电荷,见图 6.5,当 pH 从 5.3 提高到 9.18 时,土壤正电荷呈增加趋势,从而对带负电的微囊藻细胞的静电吸引力增强,使得藻类絮凝效率提高。相对较高的 pH 也有利于铁发生络合反应及生成铁的水合物 $Fe(OH)_m \cdot nH_2O$ 胶体,PFS 或土壤表面较小的铁的水合物逐渐生成较大的絮凝体,捕获藻细胞并将其絮凝。

6.4.5.5 温度的影响

水温对微囊藻去除效率的影响与 pH 对去除效率的影响相似（图 6.10),即藻类的去除效率与温度呈正相关关系,高温环境有助于微囊藻毒素的去除。有别于 pH 对去除效率的影响,高温还缩短了藻类去除达到平衡的时间。当温度分别为 4℃、37℃、28℃时,去除的平衡时间依次为 120min、30min、45min。

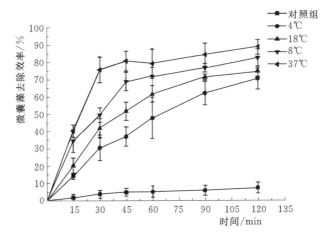

图 6.10 温度对微囊藻去除效率的影响

沉降过程中铁与微囊藻细胞之间发生的络合作用以及絮凝体之间的交联反应，都随温度的升高而加快；高温还降低了溶液的黏度，减少了沉淀过程中溶液对絮凝体沉降的阻碍（Wang et al.，2006）。随着藻类聚集和沉积的速度增加，藻类的去除效率相应提高。蓝藻水华暴发多发生在夏季或秋季，水温通常高于 28℃，因此在藻华暴发的季节，较高的水温将有助于用 PN - PFS 土壤去除藻华。

6.4.5.6 水中 N、P、C 和典型有机物的影响

为了探讨水体中其他污染物对 PN - PFS 土壤去除微囊藻的影响，本文选取了磷酸二氢钾、硝酸钠、碳酸氢钠、腐植酸和水杨酸等污染物进行实验（分别代表水体中 P、N、C 及富营养化水体中有机物）。空白组为只加入改性土壤，不加入其他化学物质的微囊藻样品，且微囊藻样品用超纯水制备，实验组则用磷酸二氢钾、硝酸钠、碳酸氢钠、腐植酸和水杨酸代替超纯水来进行。实验结果表明，改性土壤加入到用超纯水稀释的微囊藻样品中去除效率为 60%～67%；而在相同实验条件下，用 BG11 培养基制备的微囊藻样品中的去除效率为 80%～90%。这说明天然水体中的化学物质或污染物在藻类絮凝过程中或起到重要作用。

（1）水中 C 的影响。C 对藻类去除效率的影响见图 6.11。当 C 浓度为 2～50mg/L 时，随着加入 C 的剂量增加，微囊藻的去除效率随之提高；但当 C 的加入量达到 200mg/L 时，微囊藻的去除效率表现出下降趋势。

（2）水中 P 的影响。P 对藻类去除效率的影响与 C 相似（图 6.12）。当 P 浓度为 0.1～1.0mg/L 时，随 P 浓度增加，微囊藻的去除效率提高；而当 P 的浓度增加到 10mg/L 时，微囊藻的去除效率出现下降。

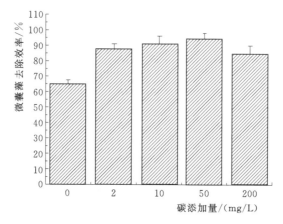

图 6.11　碳对微囊藻去除效率的影响

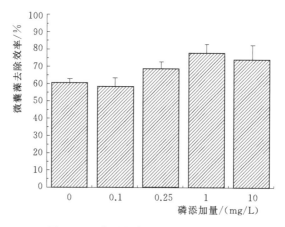

图 6.12　磷对微囊藻去除效率的影响

（3）水中 N 的影响。如图 6.13 所示，与 C、P 不同，N（NO_3—N）浓度对微囊藻的去除无明显影响，在很大的浓度范围内（1～100mg/L），N 的加入没有对微囊藻的去除产生显著的影响。

（4）水中腐植酸和水杨酸的影响。疏水性的腐植酸（～3000Da）和亲水性的水杨酸（138Da）对微囊藻去除效果的影响与 C、P 类似（图 6.14、图 6.15）。低于某一浓度水平时，不论是加腐植酸还是加水杨酸都能提高藻类的去除效率。

图 6.11 的结果表明，过量的 HCO_3^- 将会抑制藻类的絮凝作用。水中的 $H_2PO_4^-$ 发生水解产生 PO_4^{3-}，可以与 PFS 或者土壤中的金属发生络合反应；而腐植酸和水杨酸也可以与 PFS 或者土壤中的铁进行络合反应（Fuentes et al.，2013）。络合引起的交联反应通过网捕和架桥作用，产生更多网捕和架桥位点用

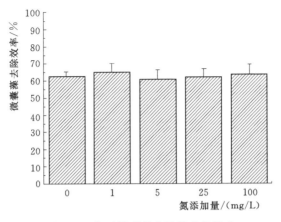

图 6.13　氮对微囊藻去除效率的影响

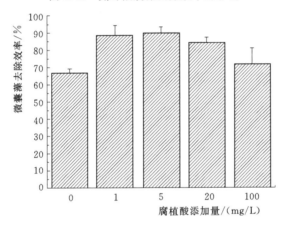

图 6.14　腐植酸对微囊藻去除效率的影响

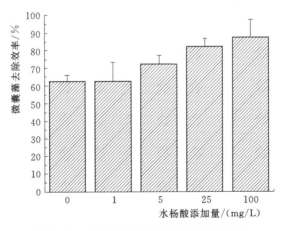

图 6.15　水杨酸对微囊藻去除效率的影响

于捕获和凝聚藻细胞，从而达到提高微囊藻去除效率的效果。但当化学物质（如 PO_4^{3-} 或者腐植酸在高浓度的情况下）含量过高时，几乎所有的 PFS 或者土壤中的铁活性点会被络合，产生不溶性物质（如 $FePO_4$）后沉积下来。改性土壤带正电荷的位点主要由 PO_4^{3-} 和 HA^- 所占据。藻细胞絮凝体未能形成，或者没有足够的正电荷与带负电荷的藻细胞结合（Edzwald et al.，1999；Pan et al.，2006），都会导致藻类去除效率降低。参与藻细胞絮凝过程的化学物质或污染物（如 PO_4^{3-} 或者腐植酸）也会同藻细胞一起絮凝至沉积物中。而实验也发现在随机选择的实验组（加入 P，浓度为 1mg/L）中，PN - PFS 土壤絮凝藻细胞后，水体中 P 浓度下降了 $44\% \sim 58\%$。

因此，PN - PFS 土壤具有净化水体中的污染物（如含 C 化合物和含 P 化合物）的功能（见图 6.16）。在应用实验中，包裹有多种营养元素的藻类絮凝体会沉降水柱底部，并在沉积物中逐渐被生物降解。然而，生物降解将破坏已沉降的絮凝体，使絮凝体吸附的营养物质重新释放到水体中。此外，当沉积的藻类细胞开始解体时，更多的营养物质和有机物将被释放到上覆水体。因此，为了减少营养物质从沉积物中重新扩散到上覆水体，还需要采取一些其他的补充措施。Pan 等（2012）的研究表明，通过改性土/沙覆盖将有助于阻止化学营养物质从沉积物向上覆水的扩散，同时抑制藻华复苏。此外，水生植物的组合使用将减少营养物质扩散到上覆水，抑制有害藻类的生长和活动，有助于淡水水体的长效管理。

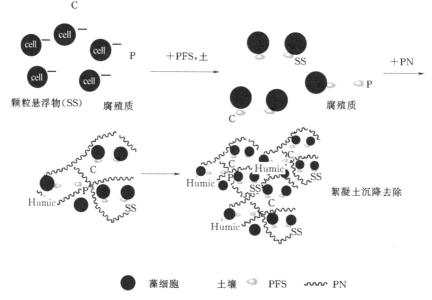

图 6.16　PN - PFS 土壤絮凝水体中藻华细胞和污染物的过程

　　大多数无机含氮化合物（如硝酸钠或硝酸钾）都是高水溶性且容易水解成离子（NO_3^-，Na^+ 和 K^+），且不参与到络合反应中，因此，这些物质在水中的存在并不影响 PN－PFS 土壤对微囊藻的去除效果。综上所述，发生水华富营养化水体中多种污染物的存在有助于 PN－PFS 土壤除藻华。

6.4.5.7　改性土壤的应用

　　1. 野外蓝藻水华样品室内处理（量筒级规模）

　　2014 年 8 月在江西省南昌市（$115°55'57.35''E$，$28°41'16.66''N$）发生水华的湖中采集微囊藻水华样品及地表水样。净化应用实验在 6 个 500mL 量筒中进行，以模拟改性土壤在自然水柱中的絮凝效果（对照组和实验组设置 3 组平行样，图 6.17）。水中微囊藻的密度约为 $2.97×10^9$ cells/L。将 PN－PFS 改性土壤（40mg/L）分别加入到 6 个量筒中并用玻璃棒不断搅拌 15s。18h 后，对对照组和实验组的水质参数和微囊藻密度进行检测。

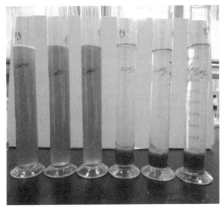
(a) 15min

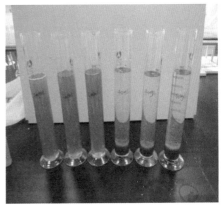
(b) 30min

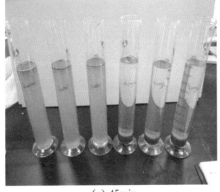
(c) 45min

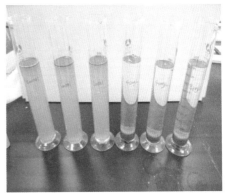
(d) 60min

图 6.17　PN－PFS 土壤除藻在 15min、30min、
45min、60min 时的图片

18h后控制组和实验组水华样品中微囊藻密度和水质参数见表6.3。结果表明，超过99%的微囊藻被去除，微囊藻毒素含量减少了约57%。实验结果中，水中的TP浓度从0.531mg/L降至0.043mg/L（减少91.9%），而PO_4-P则从0.022mg/L降至0.012mg/L（减少45.5%）；TN也减少了96.5%，但实验组与对照组的NO_3-N含量较为接近。水体的电导率和高锰酸钾指数经处理后也有所下降，这与改性土壤共同絮凝作用去除含磷化合物或腐植酸有关。氧化还原电位的升高与光溶解氧的增加有关，而这是由于水体中藻华微囊藻被大量絮凝沉降到底部从而减少了水柱中上层氧的消耗引起的。

在天然水华水体中絮凝平衡时间小于15min，几乎所有的藻华微囊藻在前15min都能被去除，这与在超纯水或其他化学溶液中进行的室内实验结果并不一致。

18h后微囊藻被大量去除的主要原因在于，当水体pH超过2.1时微囊藻毒素带负电荷，于是在带负电荷的微囊藻毒素和带正电荷的改性土壤之间发生静电吸引作用；此外，PFS或者土壤中的铁还能结合并吸附微囊藻毒素。这表明在PN-PFS土壤除藻华的絮凝过程中，水体中其他污染物（含氮和含磷化合物）也能同时被去除。而富营养化水体中的NO_3-N等其他污染物，由于不参与絮凝过程而不能被去除。富营养化水体中的化学物质相较于实验室内化学溶剂更为复杂，例如，采集的水华样品中悬浮物（SS）的浓度高达(273.333 ± 23.352)mg/L，而室内实验的化学溶剂均是由超纯水来制备。水中的部分悬浮物形成细小的悬浮胶体，随着絮凝过程进行，小颗粒的胶体转化成为大颗粒，这样更容易捕获和絮凝微囊藻细胞。

表6.3 对照组与实验组中水华样品中微囊藻密度和水质参数

指 标	对 照 组	实 验 组
pH	7.41 ± 0.084	7.74 ± 0.104
$t/℃$	28.6 ± 0.152	26.5 ± 0.118
微囊藻密度$/(10^7\text{cells/L})$	270 ± 21.213	1.87 ± 1.012
微囊藻毒素浓度$/(\mu g/L)$	3.05 ± 0.1	0.91 ± 0.1
TP/(mg/L)	0.531 ± 0.006	0.043 ± 0.012
PO_4-P/(mg/L)	0.022 ± 0.003	0.012 ± 0.003
TN/(mg/L)	19.717 ± 6.535	0.690 ± 0.048
NH_4-N/(mg/L)	1.067 ± 0.430	0.52 ± 0.121
NO_3-N/(mg/L)	0.104 ± 0.019	0.097 ± 0.031

续表

指　标	对　照　组	实　验　组
COD$_{Mn}$/(mg/L)	42.894±0.856	5.457±0.312
SS/(mg/L)	273.333±23.352	3.667±1.756
ODO/(mg/L)	4.02±0.092	7.87±0.131
SPC/(μS/cm)	217.8±12.310	2.3±0.283
ORP/(mV)	−14.5±6.252	127.3±15.059

2. 野外中试规模

该技术在野外中试池（5m×5m×1.5m）去除蓝藻水华时效果显著（见图6.18），24h内可除去中试池塘水体中95%以上蓝藻（微囊藻）细胞（见图6.19），并且将其中80%以上蓝藻细胞氧化杀灭失活，且在2周内维持水体中的藻密度在水华前的5%以内，同时显著改善水体中藻类的结构组成，使蓝藻占优势的水体逐渐转变到绿藻和其他藻类占优势，对蓝藻杀灭具有一定的定向选择杀灭性。技术初步实现蓝藻细胞在水体中的同步快速聚沉消除与蓝藻细胞的杀灭失活（失活率大于80%），蓝藻细胞沉入水底后不久将被除藻剂杀灭，从而大大延长了控藻方法的时效，相比现有技术本技术具备了较强的技术先进性。在组合其他控藻技术条件下，或将可以稳定并长期地控制水体蓝藻的生长繁殖，从而达到长效控藻的目的。

图 6.18　野外中试试验控藻水体与对照水体景观对照图

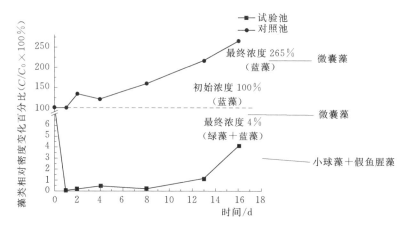

图 6.19　改性红壤野外控藻后 15d 内试验水体与对照水体藻类数量与结构变化

3. 野外工程示范应用

2018 年 4 月至 2019 年 1 月开展了以改性红壤为主体技术的联合生态修复技术示范（同时辅助锁磷、微生物降氨氮及水生植物修复技术），示范区池塘位于江西省共青城市鄱阳湖模型试验研究基地东侧，总面积 13 亩，实际使用示范水域面积 4 亩，包括对照池和试验池各 2 亩，水深 1.2～1.6m，淤泥厚度约 0.5m。水生态修复开展前示范水域为养鸭厂所在地，水体水色显暗黑色，水中水生植物几乎难以觅见，在夏季高温季节常暴发蓝藻水华。试验开展前属于劣Ⅴ类水体，总氮、氨氮、总磷和高锰酸盐指数严重超标。

经过以改性红壤为主体技术的联合处理后，示范水域水体的水质各项指标达到Ⅲ类或以上，其中总氮 0.75mg/L、硝氮 0.18mg/L、氨氮 1.01mg/L、总磷 0.02mg/L、磷酸盐 0.004mg/L、叶绿素 3.19μg/L、高锰酸盐指数 4.13mg/L。透明度清澈见底（水深 160cm），溶解氧 8.27mg/L。对照池在整个试验周期内以水华蓝藻——挪氏微囊藻为主，试验池后期蓝藻种群由有毒有害微囊藻优势类群转变为无害的假鱼腥藻，密度维持在 4.15×10^5 cells/L（图 6.20）。

对照池和试验池透明度的变化情况见图 6.21，试验池投加改性红壤后透明度清澈见底，后期回升到 80cm 左右，相比试验开展前的 32cm 有很大的提升。而对照池整个试验周期内维持在 15cm 左右。

对照池和试验池总氮的变化情况见图 6.22，前期对照池和试验池总氮在 5mg/L 以上，投加微生物除氨氮菌剂总氮逐渐降低，蓝藻水华高峰期投加改性红壤后，总氮进一步降低至 0.68mg/L，并在后期维持在 0.75mg/L。而对照池总氮浓度在 3.52mg/L 以上，最大时达到 19.46mg/L。

对照池和试验池氨氮的变化情况见图 6.23，前期对照池和试验池氨氮浓

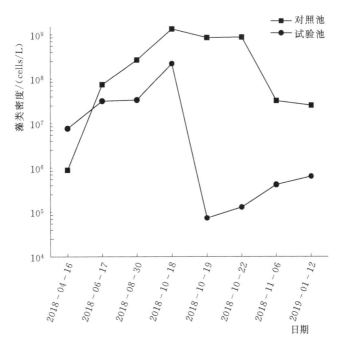

图 6.20　对照池和试验池藻类密度的变化

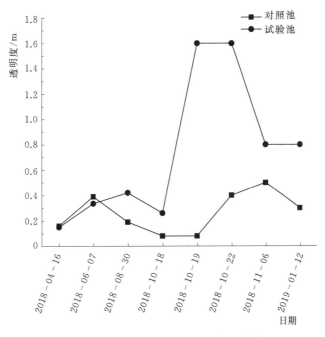

图 6.21　对照池和试验池透明度的变化

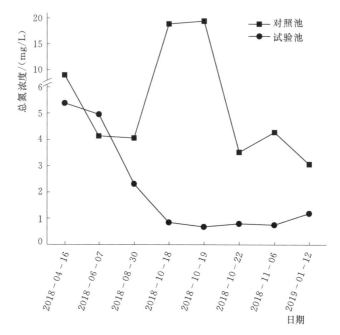

图 6.22 对照池和试验池总氮浓度的变化

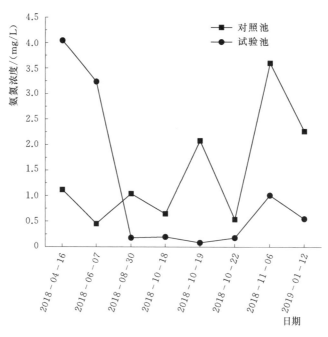

图 6.23 对照池和试验池氨氮浓度的变化

度较高，对照池为 1.12mg/L，试验池为 4.05mg/L。在投加去氨氮菌剂后，氨氮浓度降至 0.18mg/L，直到投加改性红壤后上升到 1.01mg/L，主要是改性红壤沉降蓝藻后发生厌氧分解产生大量氨氮。

对照池和试验池总磷的变化情况见图 6.24，对照池和试验池总磷的浓度较高，试验池投加锁磷剂后为 0.05mg/L，并持续保持到后期的 0.02mg/L，而对照池总磷浓度仍达 2.28mg/L，为劣 V 类水质级别。试验池总磷浓度维持在低水平与锁磷剂的投加有很大关系，锁磷剂对水体内源溶解性磷具有很强的结合作用，同时对底泥缓慢释放的可溶性磷酸盐可以随时进行结合以防止扩散到水体中，因此水体总磷的浓度较低。

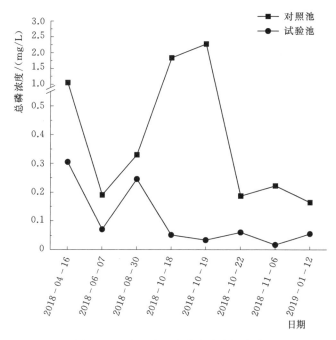

图 6.24　对照池和试验池总磷的变化

对照池和试验池磷酸盐的变化情况见图 6.25，试验池磷酸盐的变化趋势与总磷一致，投加锁磷剂后维持在 0.02mg/L 以下，并在后期降至 0.004mg/L，表明锁磷剂将水体中的溶解性磷牢牢的结合，并随时将底泥释放的磷持续结合，从而保证了水体磷酸盐浓度较低。

通过应用改性红壤并联合多种措施开展水体生态修复，达到了净化目标水域水质的目的，叶绿素、总磷、磷酸盐浓度极大降低，透明度得到极大提升，工程总体效果见图 6.26。

改性红壤技术在本次示范工程中的主要作用为应急快速除藻，12h 内基本

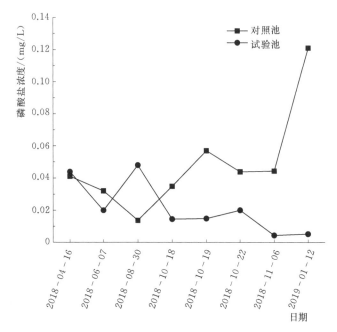

图 6.25 对照池和试验池磷酸盐浓度的变化

（a）除蓝藻前 （b）除蓝藻后

图 6.26 改性红壤快速除蓝藻前后现场对比图

除灭和杀死大部分蓝藻细胞，使得水体清澈透明，溶解氧也有大幅提升，提供了一个 12～15d 的优良生态工程"窗口期"，在这个"窗口期"时间内，沉水植物可以得到有效种植和快速生长，其他植物和鱼类等也能得到较好的生存，整个生态修复工作借助红壤杀藻过程得以全面开展。如何更加快速有效地将生态修复工作与改性红壤技术无缝衔接好，充分利用"窗口期"，将是后续研究的重点。

第7章

蓝 藻 毒 素 去 除 方 法

蓝藻毒素特别是微囊藻毒素的去除方法多样，总体可以分为物理法、化学法和生物法。在选定毒素去除方法前，有几个因素需要优先考虑。首先要正确区分细胞内毒素和细胞外毒素，很多蓝藻毒素（包括微囊藻毒素、鱼腥藻毒素、石房蛤毒素等）超过 95％ 的量通常都储存在细胞质中，平时较少释放出来，只有在细胞破裂和损伤的情况下才会大量释放（比如生长环境营养盐减少，高温高酸等不利条件，氧化剂胁迫和衰老死亡等）。这些毒素和代谢物一旦释放出来，会对水处理工艺带来很大负担，如产生异味和各种毒素、细菌等微生物大量繁殖，水处理时氧化剂和吸附剂将被大量消耗（Westrick et al.，2010）。处理好毒素的关键在于把藻细胞高效完整的去除掉同时不影响细胞完整性，再把细胞外溶解在水中的毒素和其他有机有害物质一起去除，目前自来水厂中微囊藻的去除主要是通过絮凝沉淀法和气浮法进行。其次对各类毒素的极性、溶解性和稳定性等理化性质要有较全面的认识，在具体场景中可根据毒素的主要类型及异构体差异来选定最佳的去除工艺。以下仅介绍一些较常见的微囊藻毒素去除工艺方法。

7.1 物理方法

常见的微囊藻毒素物理去除方法主要包括活性炭吸附法和滤膜过滤法，二者均已经有规模化的应用（Lambert et al.，1996）。

7.1.1 活性炭吸附法

活性炭是一种优良的水处理剂，其内部大量介孔结构和较大比表面积是活性炭吸附微囊藻毒素及其他一些有害物质的物理基础。活性炭工业化大规模生产的原料主要有煤，木材和椰壳等，所用原材料不同，生产工艺的差异，得到的活性炭性能和功能用途也会有较大的不同，主要原因在于活性炭中微孔、中

131

孔和大孔的数量分布会受上述因素的影响而变化（Westrick et al.，2010）。微囊藻毒素 MC－LR 的三维尺寸结构图见图 7.1，毒素分子的最大几何尺寸在 2.85nm 左右，因此活性炭中孔径尺寸接近和大于这个尺度的孔结构都将很好地吸附毒素。活性炭主要分为粉末活性炭（PAC）和颗粒活性炭（GAC），二者均在毒素异味等去除上有着较好的表现，其中粉末活性炭研究的较多（Campinas et al.，2010）。

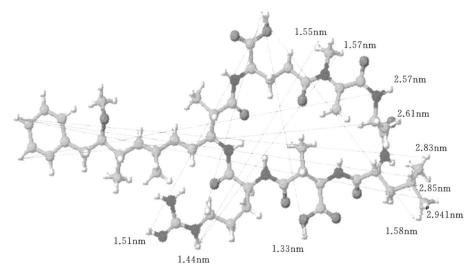

图 7.1　微囊藻毒素 MC－LR 分子三维尺寸结构
(Sathishkumar et al.，2010)

COOK 等（2002）用 PAC 去除 4 种不同的微囊藻毒素，结果表明不同异构体的微囊藻毒素其对活性炭的亲和力有较大差异，毒素的去除容易程度从高到低顺序为：MC－RR＞MC－YR＞MC－LR＞MC－LA，这可能和这些毒素异构体的极性和亲水性有关。Pendleton 等（2001）用两种活性炭，木质活性炭和椰壳活性炭同时用于去除微囊藻毒素 MC－LR，结果发现木质活性炭对毒素的去除能力明显大于椰壳活性炭。木质活性炭通常含有大量的小孔径和中孔径结构，而椰壳活性炭里只含有小孔径结构，木质活性炭结构更有利于毒素的大量进入，且在酸性条件下，两种活性炭对毒素的吸附都有显著的提高，可能和毒素 MC－LR 在低 pH 时疏水性较强有关。Huang 等（2007）比较了 3 种不同活性炭对毒素的吸附能力和动力学曲线，发现活性炭的介孔结构中微孔结构对毒素吸附提供了较少空间，只能非常限量地增加活性炭对毒素 MC－LR 的吸附量，真正能大量吸附毒素的结构是中孔结构和大孔结构。研究还指出活性炭较易受水体中的其他杂质影响，活性炭对毒素的吸附能力有时受天然水体中有机质含量的影响显著，极端情况下吸附效率会直降近 90%（Huang et al.，2007）。颗粒活性炭以前一般用作水过滤系统的填料，也可以单独做吸附剂使用，但有研究显示颗粒活性炭过滤 MC-LR 时，超过 80% 的毒素并没有被吸附而直接通过，因此颗粒活性炭一般不被推荐直接用在过滤吸附毒素工序中（Cook et al.，2002）。

7.1.2　滤膜过滤法

反渗透过滤、纳滤和超滤是滤膜过滤微囊藻毒素常见的过滤方法，其主要原理在于被过滤物的分子量尺寸排阻（Gijsbertsen et al.，2006）。Neumann 等（1998）报道了一种典型的反渗透过滤法，其对 MC-LR 和 MC-RR 的过滤效果在毒素初始浓度范围 $10\sim130\mu g/L$ 范围内可达到 95%。有报道显示，用两种不同材质的 20kDa 滤膜（醋酸纤维素滤膜和聚醚砜滤膜）进行过滤（MC-LR 分子量大约为 1kDa，可顺利通过滤膜），其中聚醚砜滤膜单单依靠自身吸附就能去除约 91% 的毒素 MC-LR，而醋酸纤维素滤膜在同等条件下不会对 MC-LR 有吸附作用。其原因在于在各种过滤法特别是超滤和纳滤法中，起过滤阻拦微囊藻毒素作用的不仅有分子尺寸排阻作用，还有其他一些作用，比如范德华力、氢键吸附以及电荷作用等。因此过滤去除毒素时材料本身对毒素的高亲和力也是非常重要的（Lee 和 Walker，2006，2008）。

7.2　化学方法

7.2.1　氧化法

目前用作微囊藻毒素氧化去除试剂较多的有 Cl_2、ClO_2、O_3、H_2O_2、$KMnO_4$ 等，其氧化的标准电位电势分别为 Cl_2（1.36V）、HClO（1.49V）、$KMnO_4$（1.51V）、H_2O_2（1.78V）、O_3（2.07V）、羟基自由基（2.8V）。

在近百年的水净化消毒史中，氯消毒都扮演着至关重要的角色（Westrick et al.，2010）。较常用的氯有气态的氯气（Cl_2），液态的氯水溶液和次氯酸钠溶液，以及固态的次氯酸钙等。氯氧化消毒起作用的离子主要为次氯酸根离子，基本反应过程为

$$Cl_2 + H_2O \longrightarrow HOCl + H^+ + Cl^-$$
$$HOCl \longrightarrow H^+ + OCl^-$$

Tisuji 等（1997）最早发现和确认了氯气消毒后的微囊藻毒素副产物的结构，其研究结果表明，氯气消毒主要破坏了毒素结构中 Adda 上的双键结构产生二羟基化毒素，使毒素毒性大大降低，其机理见图 7.2。Acero 等（2005）

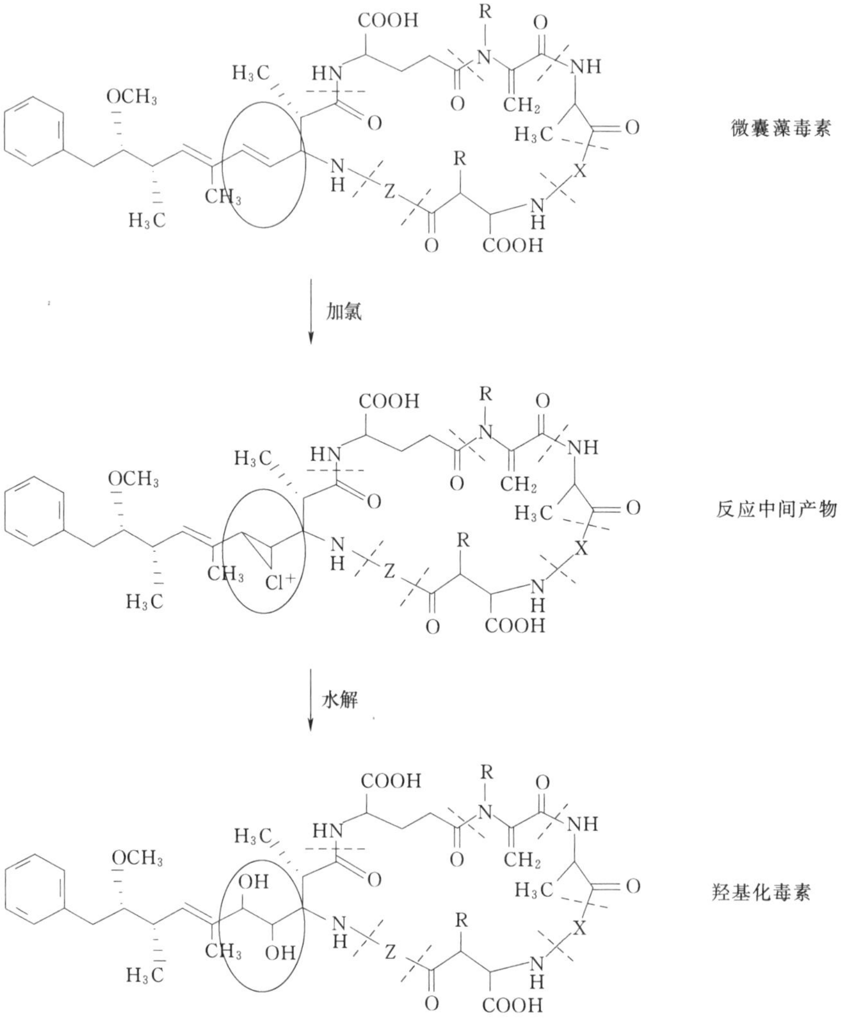

图 7.2 微囊藻毒素的氯氧化降解及产物

(Tsuji et al. , 1997)

用氯气氧化三种不同的微囊藻毒素 MC – LR、MC – RR 和 MC – YR 时也发现，不同微囊藻毒素的氧化降解速率几乎没有区别，且产物的毒性也非常接近，这也印证了 Tisuji 的降解机理。氯气消毒有一个非常显著的优点，就是可持续时间长，氯气在水中形成次氯酸盐，氯与水体中的氨反应可以生成氯胺（总共分 3 种氯胺，总称为化和氯），可大大延长氯的有效消毒剂存留量。

$$NH_3 + HOCl \longrightarrow NH_2Cl + H_2O$$
$$NH_2Cl + HOCl \longrightarrow NHCl_2 + H_2O$$

$$NHCl_2 + HOCl \longrightarrow NCl_3 + H_2O$$

化和氯的存在可以抑制自来水在输送管道中由微生物生长代谢产生的异味和毒物影响。氯气消毒缺点在于氧化副产物较多，有的对人体有毒副作用。为减少氯气消毒过程中产生不良反应产物，有时用 ClO_2 部分代替氯气消毒。ClO_2 不会带来溴酸盐副产物的影响。但两者均在 pH<8 的条件下使用才会有好的效果，高 pH 的水不利于氧化消毒。$KMnO_4$ 和 O_3 氧化微囊藻毒素的机理相似，通过氧化 Adda 基团上的不饱和双键及其他一些不饱和官能团使毒素整体结构分解，形成羧酸类小分子从而丧失原本的毒性（Rodriguez et al.，2008）。臭氧氧化降解有机物的途径主要有两种：一种是通过与氢氧根反应生成氢过氧基（HO_2）；另一种则是通过加入过氧化氢反应生成羟基自由基氧化，可以将微囊藻毒素彻底氧化为无机羧酸类小分子。

$$O_3 + OH^- \longrightarrow HO_2 + O_2^-$$

$$H_2O_2 \longrightarrow HO_2^- + H^+$$

$$HO_2^- + O_3 \longrightarrow OH + O_2^- + O_2$$

高锰酸钾在水处理中应用已超 40 年，一般可将高锰酸钾晶体直接投加到水中从而对毒素和其他有机分子进行氧化，其基本氧化机理如下，氧化反应后生成的二氧化锰为黑色固体，在后续水处理中需要将其过滤沉淀去除。

$$MnO_4^- + 4H^+ + 3e^- \longrightarrow MnO_2(s) + 2H_2O$$

Rodriguez 等（2008）用高锰酸钾法氧化去除微囊藻毒素（毒素 MC-LR 浓度 2mg/L，高锰酸钾剂量 4.7mg/L），并用蛋白磷酸酶抑制法检测了毒素降解产物的毒性，发现高锰酸钾氧化毒素具有较高的去除效率，且反应产物在 PPIA 毒性测试中不显示明显毒性，但高锰酸钾在实际应用中必须严格控制好用量，过量的氧化剂可将藻细胞结构破坏从而加剧毒素的释放。

7.2.2　高级氧化法

微囊藻毒素的高级氧化是指产生和利用高活性自由基特别是氧化性高的羟基自由基去氧化微囊藻毒素的技术工艺。羟基自由基的来源主要为芬顿反应和 TiO_2 光催化氧化，能量来源可以从光化学中获取也可以不需要光化学反应参与。与 Cl_2、ClO_2、O_3、$KMnO_4$ 等氧化剂氧化机理不同，羟基自由基的作用目标并不是不饱和双键，而是有机分子中的 C—H 键，可以使有机物彻底降解。

与传统的处理方法相比，光催化氧化法具有能耗低，操作和设备简单，无二次污染等显著优点（Han et al.，2011）。以可见光驱动 TiO_2 光降解毒素为例（Yang et al.，2011），其产生羟基自由基过程主要为

$$O_2 + TiO_2(e) \longrightarrow O_2^- + TiO_2 \tag{7.1}$$

$$2O_2^- + 2H^+ \longrightarrow O_2 + H_2O_2 \tag{7.2}$$

$$O_2^- + TiO_2(e) + 2H^+ \longrightarrow H_2O_2 + TiO_2 \tag{7.3}$$

$$H_2O_2 + TiO_2(e) \longrightarrow \cdot OH + OH^- + TiO_2 \tag{7.4}$$

$$H_2O + TiO_2 \longrightarrow \cdot OH + H^+ + TiO_2 \tag{7.5}$$

芬顿试剂通常是指由过氧化氢和催化剂 Fe^{2+} 组成的氧化体系，最早是 1894 年 H. J. Fenton 发现并用于苹果酸的氧化，近年来芬顿反应和类芬顿反应研究的较多，有很多用于微囊藻毒素降解的报道（Bandala et al.，2004；Antoniou et al.，2010）。其基本原理如下，也是依靠羟基自由基的氧化来实现的。

$Fe^{2+} + H_2O_2 \longrightarrow Fe^{3+} + OH^- + \cdot OH$，$Fe^{3+} + H_2O_2 \longrightarrow Fe^{2+} + H^+ + HO_2 \cdot$

$Fe^{3+} + HO_2 \cdot \longrightarrow Fe^{2+} + H^+ + O_2$，$\quad \cdot OH + H_2O_2 \longrightarrow H_2O + HO_2 \cdot$

$Fe^{2+} + \cdot OH \longrightarrow Fe^{3+} + OH^-$，$\qquad RH + \cdot OH \longrightarrow R \cdot + H_2O$

$R \cdot + H_2O_2 \longrightarrow ROH + \cdot OH$，$\qquad R \cdot + Fe^{3+} \longrightarrow Fe^{2+} + 产物$

$R \cdot + O_2 \longrightarrow 产物$

羟基自由基的氧化能力强，标准氧化电势达到了 2.8V，可以将绝大多数自然水体中的有机物直接彻底氧化成无机类物质，相比其他几种氧化方法，其反应产物无毒。图 7.3 是一种自由基降解微囊藻毒素 MC - LR 的途径（Yang et al.，2011），该研究人员使用二氧化钛剂量浓度 0.25mg/mL，毒素初始浓度为 $2\mu g/mL$，反应 12h 后毒素的去除效率在 90% 以上。

目前高级氧化降解法在实际应用中遇到的比较突出的问题在材料的制备和使用成本，光降解反应中通常都需要有外部紫外光源照射的辅助才能比较好地应用，由于紫外线在水面的穿透力差，因此外部光源需要非常大的功率，从而大大增加了能耗和成本。且二氧化钛在应用当中常以纳米微粒形式存在，材料本身很容易混在饮用水中不容易分离，这可能对饮用水本身安全带来一定的隐患。

7.2.3 紫外照射消毒法

运用紫外光的高能量让有机物中的一些化学键断裂从而失去毒性是紫外照射消毒法的基本原理。通常情况下，空气中紫外消毒只需要低中压的紫外灯达到的强度 $10 \sim 40mJ/cm^2$（Westrick et al.，2010）。但有报道显示很多蓝藻毒素，比如微囊藻毒素和鱼腥藻毒素 - a 能够经受住 $1530mJ/cm^2$ 和 $20000mJ/cm^2$ 紫外强度的照射，因此如果想用紫外消毒法去除一些毒素，其照射强度需要中强紫外灯的 $100 \sim 1000$ 倍照射强度，低中紫外灯比较难达到要求，因此对灯的功率强度要求较高（Tsuji et al.，1994）。紫外线降解毒素研究较多的波段为 UVA（波长 $300 \sim 400nm$）和 UVC（波长 254nm），波长越短，紫外线的能量也越高，一般降解有机物的能力也越强。

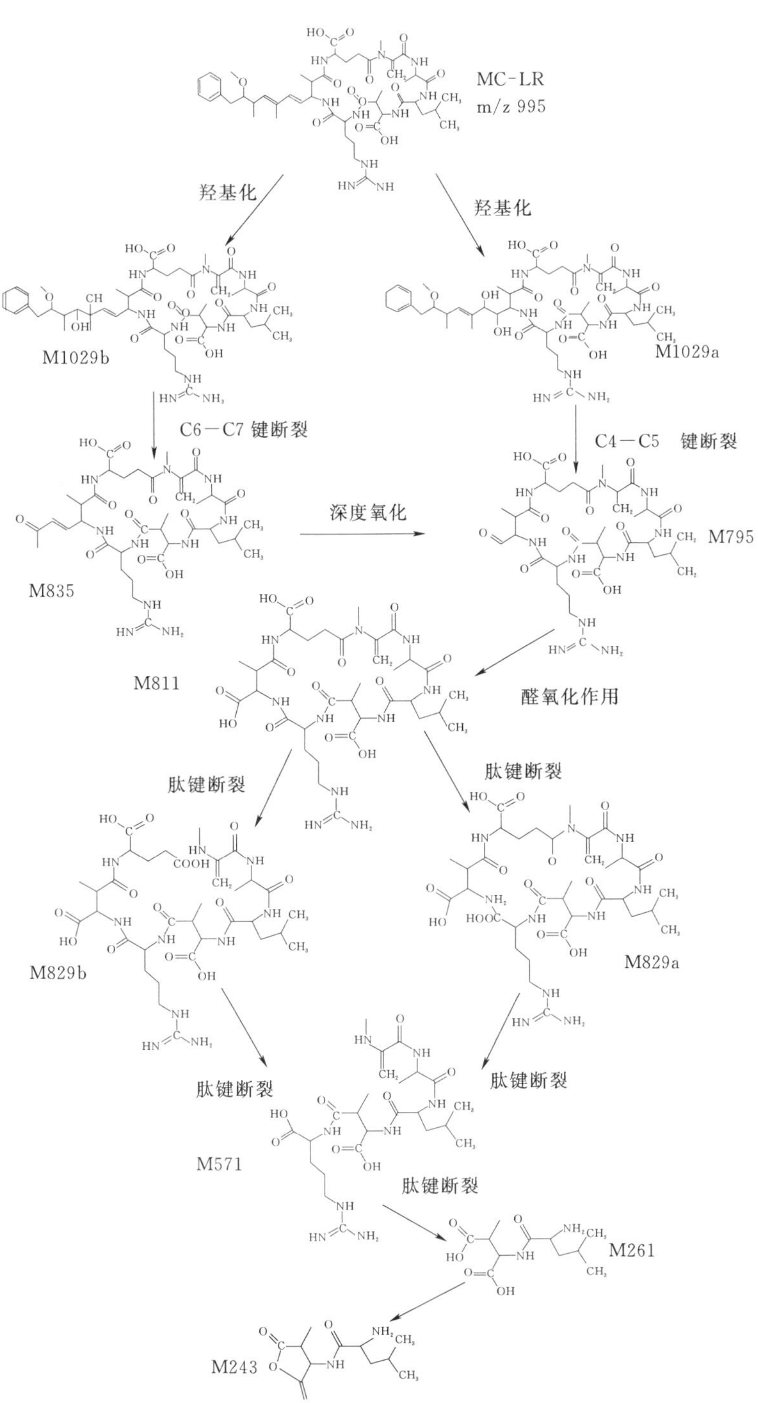

图 7.3 一种自由基降解微囊藻毒素 MC - LR 的途径
(Yang et al.，2011)

7.3 生物降解法

自然界中有非常多的菌类降解地面的有机物碎屑，已经报道能降解毒素的菌株也有很多种（Tsuji et al.，2001；Lionel Ho，2007；Nybom et al.，2008）。从目前的研究来看，报道的毒素降解菌种类主要集中在菌类的 Sphingomona-daceae 家族中，因为这个家族的菌类大部分都含有和微囊藻毒素降解有关的基因。Bourne 最早于 1996 年报道了第一株该家族的毒素降解菌 *Sphingomonas* sp. ACM - 3962，并通过分子生物学技术分离和鉴定了首批与微囊藻毒素降解相关的几个基因簇 mlrA、mlrB、mlrC 和 mlrD。其中 mlrA 基因的主要功能是负责编码将微囊藻毒素环结构解环开环从而得到线性的毒素直链结构，是微囊藻毒素降解作用的第一步。然后 mlrB 和 mlrC 基因负责将上述直链化后的微囊藻毒素进一步水解断裂变成更小的分子片段，最后 mlrD 基因主要负责编码细胞中运输这些降解片段到细胞外去的转运酶（Bourne et al.，1996）。生物降解法运用的具体形式主要有沙滤/生物滤膜法和人工湿地法（Bournea et al.，2006；吴振斌等，2000），降解能力的强弱和快慢主要受其中可降解毒素菌类的种类和数量影响，但水体的温度、pH、营养状态等也会限制毒素的降解。生物降解法在应用中通常有一个较明显的毒素降解过渡滞后期，在这段时间内，降解毒素的沙滤或者土壤去除毒素能力很弱，但菌类在不断繁殖和定向筛选扩增（有时需要人工的干预去筛选和接种适合的菌种），当降解菌的数目达到了一定的数量规模时，生物降解法才能比较明显地开始运转工作。

生物降解法去除毒素尽管成本较低，但是降解毒素耗时长，和化学法、物理法相比去除毒素的速率非常慢，处理效率也不高，在水厂中很难达到现代水处理速度的要求，因此一般情况下生物降解法主要作为其他技术处理的辅助手段以及在一些不需要快速处理的场合下使用。

7.4 凝胶离子材料快速去除蓝藻微囊藻毒素

蓝藻水华的暴发，特别是我国太湖、巢湖和滇池的微囊藻水华，给当地的饮用水安全带来极大的威胁，同时也加剧了各地本身就很紧张的饮用水危机。为了缓解饮用水安全问题，发展快速高效的水体微囊藻毒素净化技术是非常急需和必要的。微囊藻毒素具有环状肽结构，通常情况下其化学性质较为稳定，即使将其放在 pH 为 1 的极酸和 40℃条件下，其半衰期也在三周以上。早期的研究表明只有在非常极端的条件下才能完全降解微囊藻毒素。Harada 等（1990）用浓盐酸和三氟乙酸加热至沸腾。而在自然条件下，特别是光比较弱的水体中，微囊藻毒素能够非常稳定地存在数月甚至数年（Chen et al.，2006）。要控制水体中的微囊藻毒素量，长期来看必须控制蓝藻的生物量，抑制蓝藻特别是微囊藻的生长。但从实际情况来看，在野外大面积的蓝藻控制方面，现在的技术还远达不到实际饮用水安全的要求。因此在自来水厂的水净化工序中，发展快速高效去除微囊藻毒素技术显得尤为重要。

微囊藻毒素具有环状七肽结构，在环上含有 7 个羰基官能团和至少 2 个自由羧基，以及数目不等的氨基结构。从化学性质来看，这些官能团都是与金属发生络合反应的良好配体，因此毒素潜在上具有与金属结合的能力。Humble 等（1997）用电极伏安法检测到微囊藻毒素和铜离子和锌离子的络合物，第一次报道了该络合反应产物的存在。陈伟等（2006）发现用 EDTA -焦磷酸钠提取液高效提取土壤底泥吸附的微囊藻毒素，该方法比传统提取溶剂比如甲醇法，醋酸法等提取效率高，其原因和机理可能在于该提取液能有效地把被土壤底泥中金属吸附的毒素置换释放出来。因此，发展高富含金属离子的材料用于微囊藻毒素的去除是一个理论上可行的方案。通过高分子合成，找到一种无毒用于药物释放载体的微凝胶，经改进将其表面合成为带有大量羧基官能团的表面结构，让金属离子先和微凝胶反应从而制备得到高离子含量的凝胶离子材料，再用该材料去络合吸附微囊藻毒素。通过该方式可以得到一种带有一定的毒素选择性吸附的材料用于微囊藻毒素去除。

7.4.1 微凝胶的化学合成制备

微凝胶是在水溶液中通过乳液聚合反应得到的，具体合成步骤如下：在通氮气保护的条件下，往 120mL 水中加入 0.15g 交联剂 N，N′-甲叉双丙烯酰胺（BIS），然后再加入 0.1g 聚合反应单体丙烯酸（AAC）和 0.053g 表面活性剂十二烷基磺酸钠（SDS）。上述反应混合物在通氮气保护条件下恒温 70℃保持 1h 后，将 0.1g 引发剂过硫酸铵（APS）溶解在 5mL 水里后，缓慢滴入上述通氮保护的混合体系中，聚合反应开始加速反应，反应在通氮恒温 70℃下至少反应 7h 才能结束，通常过夜（Zhang et al.，1999，2002）。

反应结束后，纳米微凝胶颗粒在高速离心机上以 12000r/min 的速度离心分离，然后通过透析的方法对微凝胶进行进一步纯化，所用透析袋的分子截留量为 8000～12000g/mol，透析时间为 7d，透析期间定期换水 2～3 次/d。为了更好地保存上述制备和纯化好的微凝胶，需要将其在冷冻干燥机上进行冷冻干燥，然后放在干燥皿（加硅胶干燥剂）在干燥条件下保存，其有效稳定期至少在 4 年以上。

7.4.2　凝胶离子材料的制备

称取冷冻干燥后的微凝胶（1～3mg）溶于水中，用适量（50～75μL）0.2mL/L NaOH 溶液调节整个溶液体系的 pH 为 6.5～7，然后缓慢往上述微凝胶溶液中滴加铁离子溶液 [0.8mL Fe(NO$_3$)$_3$·9H$_2$O，20g/L]，作为对比铜离子也进行了类似的络合实验。在滴加离子溶液同时不断地磁力搅拌溶液反应 60min，注意观察反应体系的 pH 变化，一般溶液最终的 pH 范围控制在 2.7～3.0 之间，如果 pH 不在此区间，注意用 0.1mol/L HCl 和 0.2mol/L NaOH 反复调节（一般两次即可）。pH 调节完毕后，继续搅拌反应 120min，反应得到的产物凝胶离子材料即可以悬浊液方式直接应用于微囊藻毒素去除。

7.4.3　凝胶离子材料的特性表征

7.4.3.1　材料生物相容性研究–体外细胞毒性测试

凝胶离子材料的生物相容性测试是通过细胞 MTT 染色法进行检测的。先将人肾上皮细胞 293T 细胞以 6000 个/孔的密度种入 96 孔板并培养 24h，每孔的培养基（DMEM 培养基，含 10％胎牛血清）体积为 200μL。吸出旧培养基，换上加入了一定浓度的凝胶离子材料的新培养基继续培养 48h。培养完毕后换上新培养基 200μL，然后往新培养基中加入 20μL MTT（5mg/mL）反应 4h。反应完毕后，上述混合液吸除，每孔加入 150μL DMSO（二甲基亚砜），在 570nm 波长下进行吸光度检测。细胞存活率计算公式为：细胞存活率＝$OD_{样品}$/$OD_{对照}$×100％，$OD_{对照}$ 是培养基没有加入凝胶离子材料培养的细胞吸光度，$OD_{样品}$ 是加入了材料后的培养基培养的细胞的吸光度值（Sun et al.，2008）。

7.4.3.2　红外光谱测试

用丙酮擦洗干净碾钵，加入 1mg 凝胶离子材料样品和 200mg KBr 固体（材料和 KBr 均须干燥处理），充分碾磨后取适量混合物加入模具中，用 (5～10)×10^{7}Pa 的压力在油压机上压成透明薄片，在红外光谱仪（perkine elmer）进行测试。

7.4.3.3　透射电镜测试，高分辨率扫描电镜测试和材料表面电位测试

微凝胶与离子进行络合反应后，其基本结构和尺寸并没有发生变化。因此，为了方便观察凝胶离子材料的尺寸和几何形貌，对微凝胶的形貌特征进行透射电镜表征和高分辨率扫描电镜表征。透射电镜测试是在透射电镜 JEM-1230 上完成的，扫描电镜测试通过高分辨率扫描电镜 FESEM S-4800 完成。凝胶离子材料表面带电性质的测定是在粒径仪上测定的，测试仪器为 Zen 3600 Malvern Zetasizer，为测定不同 pH 条件下凝胶离子材料表面带点情况，

配制了一系列不同 pH 的缓冲溶液，然后将凝胶离子材料以 0.3g/L 浓度分散在溶液中，每次电位测定前严格清洗好 U 形电位管，使背景电位值达到标准值再进行样品电位测定，每次测定样品设置 3 个平行度。

7.4.3.4 凝胶离子材料稳定性测试

凝胶离子材料在应用中可能发生的离子脱附会给水体造成潜在的二次污染，因此离子与材料的络合稳定性需要进行系统考察。影响羧基和铁离子吸附能力的因素主要为水的 pH，因此把制备好的凝胶离子材料重新分散到一系列的 pH 溶液中（pH 为 2.8、6.5、9.6、11.2）平衡 24h，然后在12000r/min 的离心机上分离，上清液用原子吸收法测定原子浓度。

7.4.3.5 凝胶离子材料去除微囊藻毒素

微囊藻毒素 MC-LR 作为毒素异构体的代表物，是毒性最高的异构体之一，被选为本实验中测试的毒素对象，其初始浓度一般为 $10\mu g/mL$，凝胶离子材料使用量为 0.15mg/mL。在 2.5mL 的棕色瓶中先加入凝胶离子材料，然后加入微囊藻毒素（母液浓度 1mg/mL），反应体系体积为 1mL，材料和毒素的最终浓度如上所述。体系在摇床上不断摇匀反应，在特定的取样时间点（0min、3min、6min、9min、12min、30min、60min）取样 $50\mu L$，在 8000r/min 下高速离心 3min，上清液取 $30\mu L$ 体积在 $-20℃$ 下低温冷冻保存待检测。

在天然水体和超纯水对比实验中，天然水体的水样采自江苏太湖梅梁湾。为了筛选出合适的离子用于吸附去除微囊藻毒素，实验中采用了铁离子、铜离子、锌离子和铝离子，经毒素吸附量预实验及离子生物毒性考察后决定重点研究凝胶铁离子材料和凝胶铜离子材料，凝胶铜离子材料的制备与凝胶铁离子材料的制备程序基本一致。土壤中的重金属可能是土壤中毒素比较难以提取的重要影响因素，因为土壤中的部分金属也会发生络合反应，为了做基本参照对比，也用了湖泊的底泥来吸附微囊藻毒素，该底泥样品采自江苏太湖梅梁湾，反应时间为 12h，该底泥样品基本理化参数见表 7.1。同时还考察了氢氧化铁、氢氧化铜这两种金属羟基水合物的毒素吸附能力。

表 7.1　　　　太湖梅梁湾底泥基本理化参数

参数项目	底泥	参数项目	底泥
有机质含量/(g/kg)	15.1	黏土/%	52.84
pH（1∶5 与水混合）	7.6	壤土/%	47
砂土/%	0.16		

7.4.3.6 天然有机质、pH 和光照对凝胶离子材料毒素去除的影响

天然有机质中同样含有较多的羰基和羧基官能团化合物，因此其可能会竞争吸附凝胶离子上的铁离子，从而影响毒素的吸附。为考察天然有机质对毒素

去除的影响，选取了两种有机分子作为天然有机质的模式代表分子。腐植酸（humic acid，HA）作为天然有机质中分子量大，疏水性的有机分子代表物，水杨酸（salicylic acid，SA）则作为有机质中分子量小，亲水性的分子代表。腐植酸在使用之前用 Hong 的纯化方法先进行了初步的纯化（Hong et al.，1997）。腐植酸和水杨酸在实验中所使用的浓度梯度均为 0.1mg/L、5mg/L、20mg/L。为考察 pH 条件对凝胶离子材料去除毒素的影响，设置了不同的 pH 条件，pH 为 2、4.7、6.4、8.3、10.2 和 11.5。

7.4.3.7 凝胶离子材料在滤膜过滤中的应用

应用实验中将凝胶离子材料负载固定到滤膜上过滤去除毒素。滤膜制备具体步骤和实验过程如下：取 0.45μm 孔径的混合纤维素滤膜（直径 50mm），然后将含凝胶离子材料 5mg 的液体凝胶溶液用抽滤方法抽滤，将凝胶离子材料负载固定到滤膜上，随后用 50mL 超纯水分两次抽滤方式清洗滤膜上的材料。洗完滤膜后，取 100mL 天然的水，测定其毒素含量浓度，或者人工加入定量的毒素到天然水中，然后以 0.57L/min 的低流速下过滤。天然水加毒素过滤实验用的水采自江苏太湖梅梁湾，其水质参数见表 7.2。该天然水本身的毒素浓度为 0.22μg/L，往里面加入纯毒素样品后最终浓度分别为 5μg/L、14.7μg/L、35μg/L。在滤膜过滤实验中，还进行了原水毒素过滤实验，原水的采样地点包括太湖、巢湖和武汉官桥实验基地，其 GPS 点位分别为：太湖梅梁湾（31°24.653′N，120°11.239′E）、安徽巢湖（31°42.729′N，117°20.511′E）、武汉官桥实验基地（30°31.245′N，114°23.034′E）。

表 7.2　　　　　　　　　　　江苏太湖梅梁湾水质参数

因　子	参数值	因　子	参数值
叶绿素 a/(μg/L)	8.73	总溶解氮/(mg/L)	1.75
pH	7.4	氨氮/(mg/L)	0.74
电导率/(μS/cm)	395	硝态氮/(mg/L)	0.48
温度/℃	3.7	亚硝态氮/(mg/L)	0.08
透明度/m	0.4	总磷/(mg/L)	0.09
溶解氧/(mg/L)	8.19	总溶解磷/(mg/L)	0.06
总氮/(mg/L)	1.84		

7.4.3.8 毒素检测分析

毒素检测分析是在高效液相色谱系统岛津 LC-10A 上进行的，该液相系统带有 2 个 LC-10A 泵和一个 PDA 光电检测器，检测柱为 Shimadzu shim-pack（CLO-ODS 6.0×150）。流动相为 60% 甲醇，40% KH_2PO_4 缓冲液（0.05mol/L，pH=3），流速为 1mL/min，柱温箱恒温控制在 40℃，该系

统的检测限在 $0.1\mu g/mL$ 左右（Dai et al.，2012）。对于低浓度的毒素样品和野外天然水样品中的毒素检测分析，采用的是间接竞争 ELISA（enzyme linked immunosorbent assay）方法检测，该方法是雷腊梅等于 2004 年建立的。

7.4.4 主要结果与结论

7.4.4.1 离子材料的筛选

不同材料对毒素的绝对/相对吸附能力见表 7.3，从铁离子化合物与铜离子化合物对比情况看，相同条件下 $Fe(OH)_3$ 的毒素吸附能力是 $Cu(OH)_2$ 的 10 倍多，在微凝胶上，固定金属离子的羧基密度远大于正常的材料，因此铁和铜都以高密度吸附在胶体表面，这时铁和铜的吸附能力差异更加显著，凝胶铁离子材料对毒素的吸附能力是凝胶铜离子材料的约 274 倍。一般来说，三价铁离子失去了 3 个自由电子，二价铜离子是失去 2 个自由电子，因此铁的获取电子倾向大于铜获取电子的倾向，三价铁络合金属离子的潜力也远大于铜离子。在饮用水处理当中，铁离子的化合物使用远远大于铜离子的化合物使用，因为铁离子的毒副作用小，而铜离子具有重金属毒性，比如农药中就通常添加硫酸铜。因此，选择铁离子来研究凝胶离子化合物的特性是比较理想的。土壤底泥对毒素的吸附可能与其内含的金属化合物有关，不过目前一般仍然认为，土壤吸附毒素的机理主要是靠土壤的黏土有机质等成分与毒素的相近极性，具体通过氢键的相互作用进行吸附的（Mohamed et al.，2007）。

表 7.3　　　　　不同材料对毒素的绝对/相对吸附能力

（以土壤为参照，pH＝6.8）

材料	毒素 MC‑LR 绝对吸附能力 /$(\mu g/g)$	毒素 MC‑LR 相对吸附能力 （以底泥吸附能力为参照值）/$(\mu g/g)$
底泥*	0.09	1
$Cu(OH)_2$	0.26	2.87
$Fe(OH)_3$	3.02	33.60
Microgel‑Cu（Ⅱ）	240	2666.67
Microgel‑Fe（Ⅲ）	65915.33	732392.56

注　＊采自太湖梅梁湾。

7.4.4.2 凝胶铁离子材料的特性

微凝胶和凝胶铁离子材料的傅里叶红外图谱见图 7.4，通过对比凝胶固定铁离子之前和之后的红外图谱可以看出，在 $1400cm^{-1}$ 和 $1600cm^{-1}$ 的频谱段上，离子固定前后差别非常大，这主要是由于羧基与铁离子发生络合反应后频谱吸收的迁移造成的，在 2900cm^{-1} 处的吸收波谱改变主要是因为微凝胶上的 CH_2 受金属和羧基金属络合的影响造成的。所有上述信息和红外图谱指纹区的细小变化都暗示着铁离子已经和微凝胶发生了络合反应，而且反应的产物是较为稳定的，因为对应的化学键已经发生了相应的调整和改变。

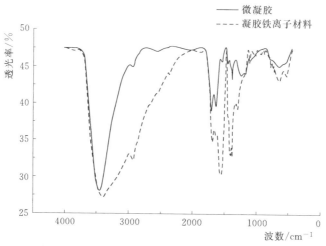

图 7.4　微凝胶和凝胶铁离子材料的傅里叶红外图谱

图 7.5 是微凝胶和凝胶铁离子材料的透射电镜图，从图上可以看出，本实验所用的微凝胶，其尺寸大概在 100～200nm，在没有进行铁离子固定前 [图 7.5（a）] 凝胶微粒之间相对比较独立，而进行了铁离子络合固定之后 [图 7.5（b）]，凝胶颗粒本身的直径并没有发生太多的改变，但是各个颗粒之间较之前已有比较紧密的联系，部分发生了聚集反应。在羧基与铁离子的络合反应中，部分被单一的微凝胶颗粒络合吸附在表面，但还有一部分可能与 2 个或

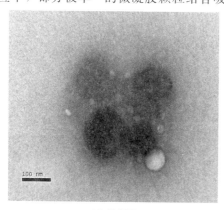

（a）微凝胶

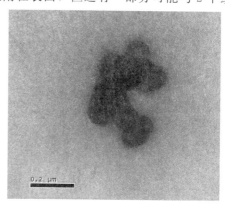

（b）微凝胶铁离子材料

图 7.5　微凝胶（100kV）和微凝胶铁离子材料（60kV）的透射电镜图

多个凝胶颗粒同时发生络合反应，导致部分凝胶颗粒发生交联聚集。

微凝胶的表面结构见图 7.6，由于技术原因，目前尚不能得到清晰的凝胶铁扫描电镜图，但是络合前后，微凝胶自身的结构并未发生实质性的改变，因此可以用微凝胶的表面形态来推测凝胶铁表面的形态。从场发射扫描电镜图中可以看到，微凝胶表面比较平整呈非常规则的圆球形状，表面有很多凹缝和空洞。如尺径 500nm 级别的微凝胶图所示，10nm 左右孔径可以很好地被观察到，这些孔径也能使有机分子进入球内，表面的实体地方都布满着羧基等官能团，用以络合铁离子。

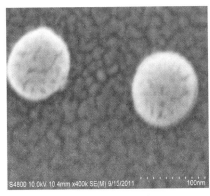 

（a）微凝胶 100nm 场　　　　　　（b）微凝胶 500nm 场

图 7.6　微凝胶场发射扫描电镜图

应用于人体饮食健康有关的材料，其生物相容性是决定其应用前景的关键决定因素之一，凝胶离子材料作为潜在的饮用水毒素去除净化材料，其生物相容性也需进行深入的研究。如图 7.7 所示，在很大的一个使用剂量范围内，凝

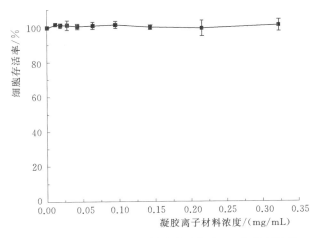

图 7.7　不同凝胶离子材料浓度下细胞 293T 的存活率

胶离子材料对细胞几乎不显示毒性,在本实验中使用最高的剂量浓度为
0.15mg/mL,在该浓度范围内,并没看到材料对细胞产生细胞毒性,因此新
的凝胶离子材料在初步测试中表现出良好的生物相容性,具有较好的应用前
景。但更多的测试仍然需要进行,从而更加系统地评估材料的使用风险,比如
凝胶离子材料在不同 pH 水体中的稳定性。

表 7.4 是凝胶铁离子材料保存在不同 pH 溶液中后,固定的铁离子发生自
由脱落泄漏的量,该参数直接显示了凝胶铁离子材料的稳定性。从结果可以看
到,在正常的水体(pH 为 6.5~9)凝胶铁离子材料其脱离的铁离子量占总固
定铁离子量 0.09%~0.25%,比例非常小,达到了安全使用的基本要求。但
是在极端情况下,特别是极碱性条件下,凝胶铁离子材料泄漏的铁离子量会急
剧地升高。比如在 pH 为 11.2 的情况下,铁离子的泄漏量可以高达总固定铁
离子量的 15.9%,这主要是因为凝胶表面带有高密度的羧基官能团,在极度
碱性条件下,微凝胶球体表面的羧基官能团全部都电离变成带负电的—COO^-
离子,表面带负电荷密度极高,整个球体表面基团发生剧烈的相互排斥反
应,使得整个球体体积不断膨胀,造成材料不稳定,铁离子发生部分脱吸
附(Wei et al.,2006)。因此凝胶铁离子材料的使用,要尽量避免极端碱性
的条件。极度酸性条件下,铁离子泄漏也有所升高,但还是比碱性条件下小
非常多。

表 7.4   凝胶铁离子材料在不同 pH 溶液中的稳定性

pH	2.5	2.8	6.5	9.6	11.2
析出 Fe(Ⅲ)占总络合固定 Fe(Ⅲ)百分比/% (Co=216.2mg/L 或 3.86mmol)	1.34	0.34	0.25	0.09	15.9

7.4.4.3 pH 对凝胶铁离子材料去除毒素的影响及影响机理

凝胶铁离子材料在不同 pH 条件下吸附毒素的动力学曲线见图 7.8,从
pH=2 到 pH=11.5,毒素的去除效率随着 pH 的升高而不断下降,pH=2 时
的吸附效率比 pH=11.5 时的吸附效率高近 60%。但总体来说,材料的吸附
动力学并没有发生实质上的改变,如平衡时间,一般在 3~9min 已经达到平
衡。pH 对毒素去除效率的影响,主要是对材料的带电结构和毒素本身的结构
产生影响。通过微凝胶的合成设计可知,其表面带有大量对 pH 敏感度极高的
羧基官能团,因此受 pH 变化整个材料的带电也会发生很明显的变化,通过
Zeta 电位测定(测定时凝胶铁离子浓度为 0.3g/L)展示了上述影响,见
图 7.9。

Lawton 等(2003)研究表明(图 7.10),在 pH 小于 2.09 之前,MC-
LR 整体带正电荷,当 pH 大于 2.09 时,MC-LR 主要带负电。在本研究的

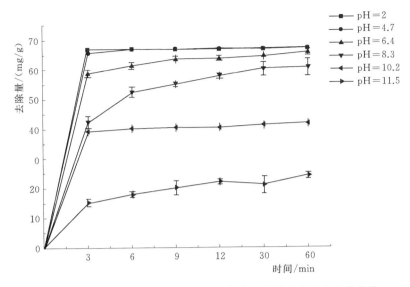

图 7.8 凝胶铁离子材料在不同 pH 条件下吸附毒素的动力学曲线
（毒素初始浓度为 $10\mu g/mL$，材料使用剂量为 $0.15mg/mL$）

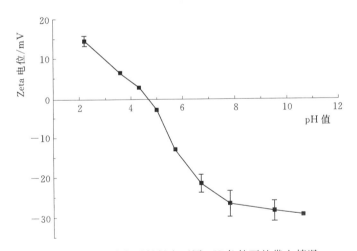

图 7.9 凝胶铁离子材料在不同 pH 条件下的带电情况

pH 范围内（2～11.5），MC－LR 一直都带负电荷。而凝胶铁离子材料的带电情况见图 7.9，在 pH 为 2～4.7 的范围内，材料表面带正电荷，当 pH 大于 4.7 时，材料开始带负电荷，材料的平衡等电位点 pH 为 4.7。因此，在 pH 为 2～4.7 的范围内，材料带电和毒素 MC－LR 本身带电相反，二者相互吸引，因此毒素的吸收去除效率较高。而在 pH 为 4.7～11.5 的范围，材料和毒素都带同样的负电荷，彼此有相互排斥的倾向，随着 pH 的升高，彼此带负电荷的程度会加大，排斥作用也不断增强，因此毒素的吸附效率也不断下降。

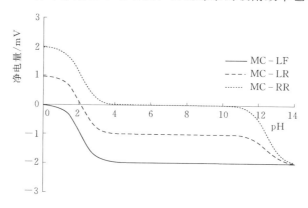

图 7.10   MC - LR、MC - LF、MC - RR 在不同 pH 条件下带电情况
(引自 Lawton et al.，2003)

　　为全面了解 pH 是如何影响材料对毒素的吸附去除，毒素的吸附归趋也进行了研究，在凝胶铁离子材料吸附完毒素以后，用纯甲醇进行洗脱（洗脱 3 次，每次 5min），然后富集检测。考虑到不同 pH 条件的差异，选取了 2 个比较代表性的 pH 点，分别是 pH 为 2.0 代表的酸性条件和 pH 为 8.3 代表的典型富营养化湖泊的 pH 条件。如图 7.11 所示，在中偏碱性的类似水华水体中［图 7.11（a）］，毒素被去除后经过洗脱，近 80％的毒素能够被回收，说明毒素与凝胶铁离子材料在中偏碱性的水体中与毒素的作用是普通吸附（物理吸附或者络合吸附）。而在极酸性条件下［图 7.11（b）］毒素被材料去除后，重新洗脱回收，只有极少数毒素可以被重新回收到。与此同时，新产物的小峰也被发现，其极有可能是毒素被降解后的小分子产物。

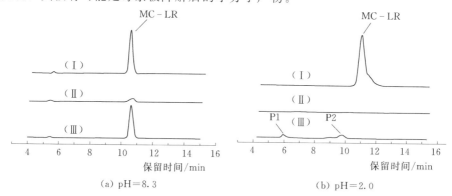

图 7.11   HPLC 图谱展示毒素在 pH＝2.0 和 pH＝8.3 条件下去除前（Ⅰ）、
去除后（Ⅱ）和洗脱回收后（Ⅲ）的浓度和产物变化

在之前的报道中指出（Anipsitakis et al.，2004），在 pH 为 2～3 时，铁在水体中存在形式主要有 $Fe(OH)^{2+}$，该形式的水合铁离子在光照条件下，非常容易产生光降解反应，产生的自由基（如·OH），能够将许多含有不饱和基团的有机分子氧化分解掉。尽管如此，由于 pH 为 2～3 的极酸条件很少发生在正常的水体中，所以在材料的实际应用中，几乎不会碰到这种毒素和材料之间的纯粹氧化还原反应的发生，因此，本书并没有进一步去检测毒素降解产物的毒性。通过以上的机理分析，可以得出一个基本的结论，在材料的实际应用过程当中，毒素和材料的相互作用以吸附作用为主，部分情况下也会发生氧化降解等反应。根据这个结论，整个材料的合成和毒素去除作用机理示意图见图 7.12。

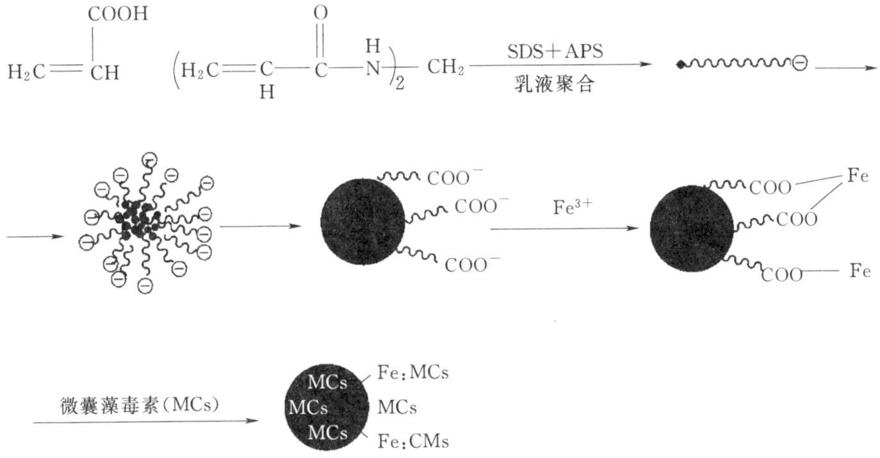

图 7.12　凝胶铁离子材料的合成及其去除毒素的基本过程

7.4.4.4　材料吸附毒素的朗格缪尔等温吸附模型

朗格缪尔等温吸附模型最早应用于固体和气体的吸附理论上的，后来也逐渐发展推广到固-液吸附的吸附理论中，Huang 等（2007）也用该模型比较研究了三种不同性质的活性炭对微囊藻毒素的吸附。朗格缪尔等温吸附模型，通过比较研究被吸附的物质在不同的终平衡浓度下吸附质对其吸附量，可推算得到当终浓度无限大时活性炭的饱和吸附量，也可以得到关于吸附能相关的一些因子。一般来说在毒素与固体吸附剂相互作用的朗格缪尔等温吸附式如下：

$$1/q_e = 1/q_m + (1/q_m K_L)1/c$$

式中　q_e——吸附达到平衡时吸附质对毒素的吸附量；

　　　q_m——吸附值对毒素的最大饱和吸附量；

　　　K_L——吸附平衡常数，与吸附过程的吸附能有关；

　　　c——毒素平衡浓度。

　　研究对凝胶铁离子材料与毒素的相互作用做了分析，同时为量化比较，还选择了活性炭对毒素吸附进行比较，所有条件控制相同，二者的朗格缪尔等温吸附模型结果见图 7.13 和表 7.5。

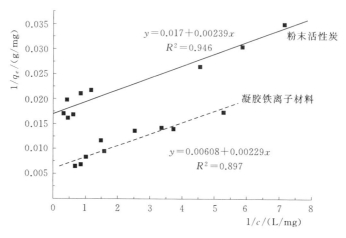

图 7.13　粉末活性炭和凝胶铁离子材料对毒素的朗格缪尔等温吸附模型

表 7.5　　朗格缪尔等温吸附模型中粉末活性炭和凝胶铁离子材料的吸附因子

材　　料	q_m/(mg/g)	K_L/(L/mg)	R^2
粉末活性炭	58.82	7.09	0.946
凝胶铁离子材料	164.47	2.65	0.897

　　从以上结果可以看到，活性炭和凝胶铁离子材料对微囊藻毒素的吸附行为比较类似，线性也较接近，二者各自的线性系数都比较高，说明二者的吸附动力学比较符合朗格缪尔等温吸附模型。在对毒素的最大吸附量上，粉末活性炭为 58.82mg/g，凝胶铁离子材料为 164.47mg/g，远大于粉末活性炭。结构上，凝胶铁离子材料的颗粒度小于粉末活性炭，因此具有更大的比表面积，可以更大范围地接触毒素。另外，活性炭吸附微囊藻毒素的主要机理在于其具有更多的孔径结构，这些孔径结构由非极性的炭结构组成，其对毒素的吸附原动力来自于炭和毒素之间的范德华力以及氢键相互作用，该作用总体较为缓慢，同时还伴随吸附与解吸附的平衡过程。凝胶铁离子材料的作用机理是通过高密度铁离子固定到微凝胶上，铁离子可以快速地与微囊藻毒素发生络合反应，络合反应的速度比弱极性分子之间的范德华力作用快很多，因此整个吸附过程可以快速地完成，并且很快地达到吸附平衡。同时，微凝胶表面也具有部分的介孔结构，这些小孔在毒素的吸附过程中也可以通过范德华力及氢键与毒素发生相互作用，这也可以进一步增强凝胶铁离子材料对毒素的吸附能力。为了明确地量化凝胶铁离子材料对毒素吸附过程中，快速络合反应的贡献和凝胶表面介

孔结构范德华力作用的贡献，在比较了固定铁离子之前和固定铁离子之后，微凝胶对毒素的吸附行为，其结果见图 7.14。

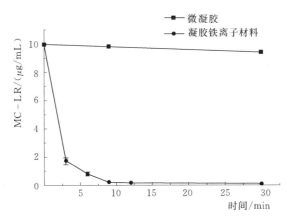

图 7.14　微凝胶和凝胶铁离子材料对微囊藻毒素的吸附动力学比较

未固定铁离子之前，30min 平衡时间内，微凝胶通过自身的细微介孔结构吸附了大概 10% 的毒素；而固定铁离子之后，毒素吸附量几乎为 100%，因此可以推断，凝胶铁离子吸附毒素的方式主要是铁离子的快速络合反应，凝胶本身的纳米结构对毒素的吸附增加作用非常有限。

7.4.4.5　活性炭与凝胶铁离子材料在纯水和太湖水中的吸附行为

为研究在纯水和太湖水中，材料去除微囊藻毒素的受干扰度，选择了凝胶铁离子材料和粉末活性炭做对比。粉末活性炭的基本参数指标见表 7.6，天然水采自江苏太湖，基本性质见表 7.2，在本实验中毒素的初始浓度为 $10\mu g/$ mL，活性炭和凝胶铁离子材料剂量为 0.15mg/mL，天然水中的毒素背景浓度相比添加浓度很低，可忽略不计。

表 7.6　　　　　　　　　　粉末活性炭的基本参数指标

总比表面积/(m^2/g)	780	干燥失重/%	10
灰分量/%	2	Pb/%	0.005
湿度/%	9.0	Fe/%	0.016
表观密度/(g/cm^3)	0.17	Zn/%	0.05
平均尺径/μm	45	硬度（Ball-pan,% min）	90
甲醇中溶解度/%	0.2		

从图 7.15 中可以看到，对于凝胶铁离子材料 [图 7.15 (a)]，在纯水和自然太湖水中，吸附动力学变化较小，在太湖水中的去除效率只比在纯水中低约 5%。而对于粉末活性炭 [图 7.15 (b)]，在天然太湖水中的吸附效率比纯

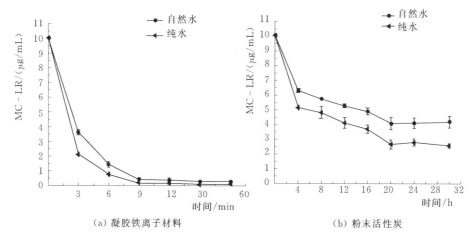

（a）凝胶铁离子材料   （b）粉末活性炭

图 7.15 凝胶铁离子材料和粉末活性炭在纯水及太湖水中对毒素的吸附动力学

水中低约 20%。且凝胶铁离子材料吸附毒素的平衡时间只需 3~9min，在 12~30min 内可以几乎完全去除，去除效率达到 95% 以上。对于活性炭，平衡时间需 16~20h，即使 24~36h 的平衡时间以后，去除效率也只有 75% 左右，新的凝胶铁离子材料在耗时和抗干扰度上远超过粉末活性炭。对于凝胶铁离子材料对毒素的选择性吸附，也在高效液相色谱图中得到了验证，见图 7.16。

在未将凝胶铁离子材料加入毒素样品中前，在 5.5min 位置有个杂质峰，10.5min 为毒素 MC-LR 峰，加入凝胶铁离子材料之后，毒素 MC-LR 被完全去除，毒素峰消失，但是杂质峰并没有变化，毒素被去除了而这个杂质并没有被去除，因此凝胶铁离子材料具有部分的毒素选择吸附功能。凝胶铁离子材料相比活性炭有更多的选择吸附功能，主要可能的原因如下：

（1）凝胶铁离子材料去除微囊藻毒素的源动力来自于金属离子与微囊藻毒素上的羰基等官能团发生的快速金属络合反应，而活性炭吸附微囊藻毒素的动力则来自于分子之间的范德华作用力，依靠的是孔径结构来实现。金属离子与配位体的络合反应速度远远快过与分子间范德华作用力的亲和速度。

（2）微囊藻毒素具有单环七肽的结构，7 个羰基 2 个羧基等官能团处于同一个圆环上，因此与金属铁离子发生络合反应时，1 个，2 个，多个甚至全部官能团可能同时和金属铁离子发生反应，在这种情况下，微囊藻毒素对金属铁离子具有高度的亲和力，大于那些没有羰基羧基官能团的有机杂质干扰物，因此，在用微凝胶铁离子材料去除毒素时，这些有机杂质干扰物不会对微囊藻毒素造成太大干扰。

（3）由于微囊藻毒素的上述结构，离子型材料对毒素的亲和力及络合反应产物的稳定性可能高于其他含有同类官能团的有机分子，比如，腐植酸之类的

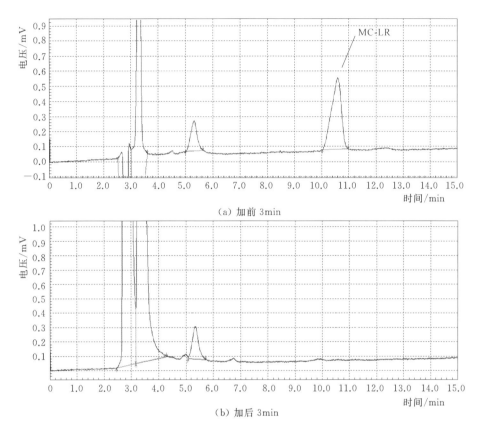

图 7.16　高效液相色谱图展示含杂质的毒素 MC－LR 在
凝胶铁离子材料加前 3min 和加后 3min 的液相色谱图

有机物，尽管这些有机分子也具有羰基羧基等官能团，但是由于结构上的差异，与微囊藻毒素相比，其对金属的竞争吸附能力比较弱，因此在同时存在的情况下，材料会优先吸附微囊藻毒素。

（4）凝胶铁离子材料保留了微凝胶自身的孔径结构，纳米级别左右的胶粒联合体，凝胶铁离子材料可以有非常高的比表面积和大量的介孔结构，同时内部也有非常大的空洞（填满了液体），这些细微结构及大的溶液空洞能够容纳一些有机分子进入里面。为了广泛验证材料对毒素的吸附能力及干扰度研究，也用微囊藻毒素 MC－RR 和凝胶铁离子材料进行了吸附反应，得到的结果与上述结果比较类似，见图 7.17。

7.4.4.6　腐植酸和水杨酸对凝胶铁离子材料去除微囊藻毒素的影响

前部分研究结果显示太湖水中的杂质对凝胶铁离子材料去除微囊藻毒素造成的干扰比活性炭小，为进一步深入了解其中的机理机制，研究选取了两种比

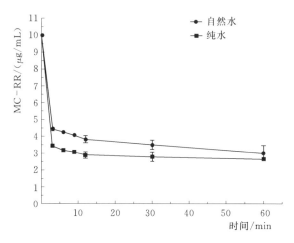

图 7.17   凝胶铁离子材料在纯水和太湖水中
对微囊藻毒素 MC‐RR 的去除

较有代表性的有机分子作为代表物。腐植酸作为疏水性有机大分子的代表，水杨酸为亲水性小分子的代表，浓度梯度分别为 0mg/L、1mg/L、5mg/L、20mg/L。主要结果见图 7.18，在腐植酸的实验组中，1mg/L 和 5mg/L 的腐植酸对凝胶铁离子材料去除微囊藻毒素（10mg/L）几乎没有影响，当腐植酸浓度高到 20mg/L 时（在自然水中，此浓度水平已经达到非常高的浓度），腐植酸显示出部分对毒素的干扰作用，前面的 9min 时间内，由于干扰作用而减少的去除效率最高达 20%，但是随着时间的演进，这种干扰作用逐渐越来越小，到达平衡时，这种干扰作用已经不明显。对于水杨酸，在 3 个作用浓度水平上，其对凝胶铁离子材料去除微囊藻毒素几乎不显示任何的干扰作用，不论是去除动力学的过程，还是最终的平衡状态，水杨酸的实验组和对照组均没有显著区别，凝胶铁离子材料在腐植酸和水杨酸前表现着一定的抗干扰特性。这种特殊的选择性吸附微囊藻毒素的行为，其潜在可能的原因为：微囊藻毒素具有单环七肽的稳定结构，同一个环结构上，存在着 7 个羰基和至少 2 个自由羧基以及数目不等的氨基，这些基团彼此之间的距离比较近，因此可能 2 个基团或者多个基团能够同时和同一个铁离子发生络合反应，在这种情况下，凝胶铁离子与毒素的络合物比较稳定，比其他有机物和铁的络合物更加稳定，因此竞争力就更大，毒素对铁离子的竞争络合强过其他有机分子，比如腐植酸和水杨酸对铁的络合反应能力。尽管毒素对腐植酸和水杨酸保持着强势的竞争优势，但是自然界中的有机类分子多种多样，水体中存在的某些有机分子因其特殊的结构，对金属铁离子的竞争力可能强过微囊藻毒素。

7.4.4.7   光照对凝胶铁离子材料去除毒素的影响

在很多研究报道中，凝胶铁离子材料对有机分子的去除是通过光降解反应

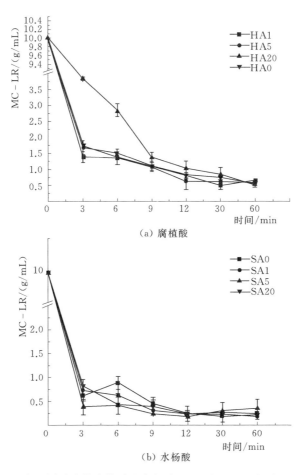

图 7.18　在不同浓度的腐植酸和水杨酸（1mg/L、5mg/L 和 20mg/L）
存在条件下凝胶铁离子材料对微囊藻毒素的去除动力学（pH＝6.3）

进行的，较典型的如 Fe(Ⅱ)/H_2O_2 体系产生的芬顿氧化反应以及一些类芬顿氧化反应（Bandala et al.，2004；Antoniou et al.，2010）。也有报道显示，在腐植酸存在条件下，光降解反应会被加速进行（Welker 和 Steinberg，1999，2000）。一般此类氧化反应的最佳 pH 为 2～3。在通常的 pH 条件下，特别是在蓝藻水华的水体应用中（pH＞8），光降解反应是否发生以及光的存在是否会促进材料对毒素的吸附或降解尚不清楚。图 7.19 的结果显示，在相对较短的平衡吸附时间内（一般 12min 以内），上述的光降解反应并没有明显的证据证明其存在，材料对毒素的吸附去除效率在光照和腐植酸存在条件下并没有明显的提高。

7.4.4.8　材料的循环回收使用及在滤膜技术中的应用

　　如图 7.20 所示，将材料吸附毒素以后用甲醇洗脱 3 次，然后再循环使用

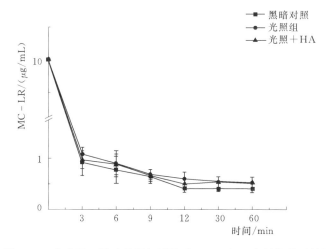

图 7.19 在光照，黑暗及添加腐植酸（5mg/L）光照条件下材料
去除毒素的动力学曲线（pH＝8.0）

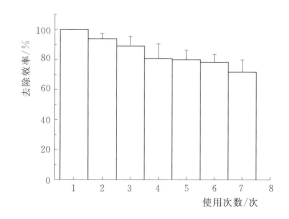

图 7.20 凝胶铁离子材料的循环使用次数与毒素去除效率关系

5 次以后，材料对毒素的去除效率依然可达到 80％，在实际应用中，材料的循环回收使用可节约很大一部分成本。但是更加绿色的循环回收方法仍需要开发，因为甲醇的使用可能会对水处理带来一定的风险。

通过将材料制成滤膜的方式，将凝胶铁离子材料应用于毒素净化中，结果见表 7.7，通过往太湖水中加标准毒素 MC-LR，将其进行过滤后发现，当初始毒素浓度不超过 14.7μg/L 时，毒素经过一次过滤，其出水浓度可以控制在世界卫生组织推荐的饮用水安全标准以下（1μg/L）。当水体中的毒素浓度较高（比如 35μg/L）时，一次过滤后期出水浓度超过了安全标准，推荐两次过滤，这样出水浓度就可以控制到安全线以下。一般情况下，蓝藻水华中水体的

毒素浓度都在 $15\mu g/L$ 以下，因此，通常一次过滤基本就能够达到标准（Dai et al.，2008；Song et al.，2007）。用原位的蓝藻水华的水体进行了毒素过滤实验，在太湖、巢湖和官桥的 3 个超标水样中，经过过滤后，太湖和巢湖水中得毒素浓度都低于 ELISA 方法的检测限，去除效率几乎为 100%；官桥的样品当中，由于水体大量藻类堆积，附近有大量鱼类和浮游动物死亡，水体 pH 偏高，杂质很多，因此去除效率相比太湖和巢湖水有所下降，但整体效率还是有 87.7%，毒素也控制在了饮用水安全标准以内。

表 7.7　加标准毒素的太湖水以及天然水过滤前和过滤后水体中毒素的浓度

样品及采样时间	温度 /℃	pH	过滤前毒素浓度 /($\mu g/L$)	过滤后毒素浓度 /($\mu g/L$)	去除效率 /%
太湖水加标 MC‐LR（2009‐12‐25）	3.7	7.40	5	0.14	97.2
太湖水加标 MC‐LR（2009‐12‐25）	3.7	7.40	14.7	0.91	93.8
太湖水加标 MC‐LR（2009‐12‐25）	3.7	7.40	35	5.6	84.0
巢湖（2010‐08‐08）	34.2	8.41	1.47	低于检测限（<0.1$\mu g/L$）	100
太湖（2010‐07‐20）	33.4	8.13	1.29	低于检测限（<0.1$\mu g/L$）	100
官桥（2010‐08‐04）	34.5	9.26	1.06	0.13	87.7

参 考 文 献

［1］ 陈宝梁，朱利中. 阴-阳离子有机膨润土吸附水中对硝基苯酚的性能及机理研究 ［J］. 浙江大学学报（理学版），2002，29 (3)：317 - 323.

［2］ 柴文波. 鄱阳湖水华蓝藻多样性、动态及毒素研究 ［D］. 南昌：江西师范大学，2013.

［3］ 杜华琴，张骥. 黏土复合聚合氯化铝铁处理高藻水中藻类的实验 ［J］. 广州环境科学，2011，26 (3)：14 - 19.

［4］ 方春林. 江西进贤湖泊浮游植物 ［J］. 江西水产科技，2000 (1)：11 - 17.

［5］ 金静，刘小真，李明俊. 赣江及鄱阳湖春夏两季微囊藻毒素的污染研究 ［J］. 公共卫生与预防医学，2007 (4)：4 - 6.

［6］ 胡鸿钧，魏印心. 中国淡水藻类——系统、分类及生态 ［M］. 北京：科学出版社，2006.

［7］ 李守淳，黄静，虞功亮，等. 鄱阳湖的中国水华蓝藻新记录属——气丝藻属 ［J］. 水生生物学报，2014，38 (6)：1071 - 1075.

［8］ 李松涛，尹平河，赵玲，等. 有机改性蒙脱土去除球形棕囊藻赤潮研究 ［J］. 海洋环境科学，2010，29 (2)：255 - 258.

［9］ 李松涛. 十二烷基氯化磷改性蒙脱土去除球形棕囊藻的研究 ［J］. 广西师范学院学报（自然科学版），2012，29 (2)：43 - 48.

［10］ 刘建辉. 鄱阳湖尾闾区秋冬季节水质及浮游植物的变化特征 ［D］. 长沙：湖南农业大学，2013.

［11］ 刘霞，钱奎梅，谭国良. 鄱阳湖阻隔湖泊浮游植物群落结构演化特征：以军山湖为例 ［J］. 环境科学，2014，35 (7)：2557 - 2564.

［12］ 施周，张丽娟，罗岳平，等. 铁盐-高岭土－PAC 联用去除铜绿微囊藻的研究 ［J］. 安全与环境学报，2009，9 (2)：49 - 52.

［13］ 宋立荣，雷腊梅，陈德辉，等. 蓝藻水华的发生和危害机理研究 ［C］. 长江流域洪涝灾害成因和对策研讨会，1998.

［14］ 苏玉红，朱利中. 苯酚、苯在水/阴离子有机膨润土界面的环境行为研究 ［J］. 上海环境科学，2001 (1)：19 - 21，48.

［15］ 隋海霞，陈艳，严卫星，等. 淡水湖泊中微囊藻毒素的污染 ［J］. 中国食品卫生杂志，2004 (2)：112 - 114.

［16］ 隋海霞，徐海滨，严卫星，等. 淀山湖及鄱阳湖水体中微囊藻毒素的污染 ［J］. 环境与健康杂志，2007 (3)：136 - 138.

［17］ 涂安国，谢颂华，郑海金，等. 江西省污染河流生态修复技术体系研究 ［J］. 中国水土保持，2011 (12)：29 - 31.

［18］ 王苏民，窦鸿身. 中国湖泊志 ［M］. 北京：科学出版社，1998.

［19］ 王天宇，王金秋，吴健平. 春秋两季鄱阳湖浮游植物物种多样性的比较研究 ［J］. 复

旦学报（自然科学版），2004（6）：1073-1078.

[20] 王艺兵，侯泽英，叶碧碧，等. 鄱阳湖浮游植物时空变化特征及影响因素分析 [J].
环境科学学报，2015，35（5）：1310-1317.

[21] 王明翠，刘雪芹，张建辉. 湖泊富营养化评价方法及分级标准 [J]. 中国环境监测，
2002（5）：47-49.

[22] 吴召仕，王卷乐，夏颖，等. 水网藻（*Hydrodictyon reticulatum*）水华在鄱阳湖的
纪录 [J]. 湖泊科学，2014，26（3）：481-484.

[23] 吴振斌，陈辉蓉，雷腊梅，等. 人工湿地系统去除藻毒素研究 [J]. 长江流域资源与
环境，2000（2）：242-247.

[24] 吴忠兴，虞功亮，施军琼，等. 我国淡水水华蓝藻-束丝藻属新记录种 [J]. 水生生
物学报，2009，33（6）：1140-1144.

[25] 谢平. 水生动物体内的微囊藻毒素及其对人类健康的潜在威胁 [M]. 北京：科学出
版社，2006.

[26] 谢钦铭，李长春，彭赐莲. 鄱阳湖浮游藻类群落生态的初步研究 [J]. 江西科学，
2000（3）：162-166.

[27] 熊焕淮，李友辉，许瑛. 江西省水库建设对生态环境的影响 [J]. 江西水利科技，
2007（1）：29-33.

[28] 徐彩平，李守淳，柴文波，等. 鄱阳湖水华蓝藻的一个新记录种——旋折平裂
藻（*Merismopedia convoluta* Breb. Kützing）[J]. 湖泊科学，2012，24（4）：643-646.

[29] 徐海滨，孙明，隋海霞，等. 江西鄱阳湖微囊藻毒素污染及其在鱼体内的动态研究
[J]. 卫生研究，2003（3）：192-194.

[30] 徐珑，杨曦，张爱茜，等. 水环境中铜的光化学研究进展 [J]. 化学进展，
2005（3）：412-416.

[31] 肖艳. 群体微囊藻响应光照和毒素的方式及其机理探析 [D]. 北京：中国科学院研
究生院，2011.

[32] 杨平，柴文波，黄静，等. 鄱阳湖微囊藻属形态多样性研究 [J]. 江西师范大学学
报（自然科学版），2014，38（5）：496-500.

[33] 杨平. 江西省大中型浅水湖泊浮游植物与富营养化的研究 [D]. 南昌：江西师范大
学，2015.

[34] 杨荣清，胡立平，史良云. 江西河流概述 [J]. 江西水利科技，2003（1）：27-30.

[35] 虞功亮，宋立荣，李仁辉. 中国淡水微囊藻属常见种类的分类学讨论——以滇池为例
[J]. 植物分类学报，2007，45（5）：727-741.

[36] 张燕萍，陈文静，王海华，等. 太泊湖水质生物学评价及鲢鳙鱼产力评估 [J]. 水
生态学杂志，2015，36（1）：94-100.

[37] 赵春禄，侯孝来，楚晓俊. 紫外光预氧化下高岭土复合聚合氯化铝混凝去除水体中
颤藻 [J]. 青岛科技大学学报（自然科学版），2010，31（5）：476-479.

[38] 赵春禄，侯孝来，孙鹏程. H_2O_2 预氧化颤藻及其复合高岭土除藻性能研究 [J]. 环
境工程学报，2011，5（2）：357-360.

[39] 赵孟绪，韩博平. 汤溪水库蓝藻水华发生的影响因子分析 [J]. 生态学报，2004，
25（7）：1554-1561.

[40] ACERO J L, Rodriguez E, Meriluoto J. Kinetics of reactions between chlorine and the

cyanobacterial toxins microcystins [J]. Water Research, 2005, 39 (8): 1628 – 1638.

[41] Afzal A, Oppenlander T, Bolton J R et al. Anatoxin – a degradation by Advanced Oxidation Processes: Vacuum – UV at 172 nm, photolysis using medium pressure UV and UV/H_2O_2 [J]. Water Research, 2010, 44 (1): 278 – 286.

[42] Anipsitakis G P, Dionysiou D D. Transition metal/UV – based advanced oxidation technologies for water decontamination [J]. Applied Catalysis B – Environmental, 2004, 54 (3): 155 – 163.

[43] Antoniou M G, de la Cruz A A and Dionysiou D D. Degradation of microcystin – LR using sulfate radicals generated through photolysis, thermolysis and e (−) transfer mechanisms [J]. Applied Catalysis B – Environmental, 2010, 96 (3 – 4): 290 – 298.

[44] Bowen C C, Jensen T E. Blue – green algae: fine structure of the gas vacuoles [J]. Science, 1965, 147: 1460 – 1462.

[45] Badger M R, Price G D. CO_2 concentrating mechanisms in cyanobacteria: molecular components, their diversity and evolution [J]. Journal of Experimental Botany, 2003, 54 (383): 609 – 622.

[46] Ballot A, Fastner J, Wiedner C. Paralytic Shellfish Poisoning Toxin – Producing Cyanobacterium Aphanizomenon gracile in Northeast Germany [J]. Applied and Environmental Microbiology, 2010, 76 (4), 1173 – 1180.

[47] Bandala E R, Martinez D, Martinez E et al. Degradation of microcystin – LR toxin by Fenton and photo – Fenton processes [J]. Toxicon, 2004, 43 (7): 829 – 832.

[48] Bourne D G, Jones G J, Blakeley R L, et al. Enzymatic pathway for the bacterial degradation of the cyanobacterial cyclic peptide toxin microcystin LR [J]. Applied and Environmental Microbiology, 1996, 62 (11): 4086 – 4094.

[49] Bournea R L B, Peter Riddles, Gary J Jones. Biodegradation of the cyanobacterial toxin microcystin LR in natural water and biologically active slow sand filters [J]. Water Research, 2006, 40: 1294 – 1302.

[50] Campinas M, Rosa M J. Removal of microcystins by PAC/UF [J]. Separation and Purification Technology, 2010, 71 (1): 114 – 120.

[51] Chen H, Yang R Q. Attenuating toluene mobility in loess soil modified with anion – cation surfactants [J]. Journal of Hazardous Materials, 2002, 94 (2): 191 – 201.

[52] Chen W, Li L, Gan N Q, Song L R. Optimization of an effective extraction procedure for the analysis of microcystins in soils and lake sediments [J]. Environmental Pollution, 2006, 143 (2): 241 – 246.

[53] Cook D, Newcombe G, Iwa Programme C. 3rd World Water Congress: Drinking Water Treatment [C]. IWA Publishing, London, 2002: 201 – 207.

[54] Dai G, Quan C, Zhang X, Liu J, Song L and Gan N. Fast removal of cyanobacterial toxin microcystin – LR by a low – cytotoxic microgel – Fe (Ⅲ) complex [J]. Water Research, 2012, 46 (5): 1482 – 1489.

[55] Dai R, Liu H, Qu J, et al. Cyanobacteria and their toxins in Guanting Reservoir of Beijing, China [J]. Journal of Hazardous Materials, 2008, 153 (1 – 2): 470 – 477.

[56] Devlin J P, Edwards O E, Gorham P R, et al. Anatoxin – a, a toxic alkaloid from ana-baena – flos – aquae nrc – 44h [J]. Canadian Journal of Chemistry – Revue Canadienne De Chimie, 1977, 55 (8): 1367 – 1371.

[57] Edzwald J K, Tobiason J E. Enhanced Coagulation: US Requirements and a Broader View [J]. Water Science & Technology, 1999, 40 (9): 63 – 70.

[58] Entry J A, Phillips I, Stratton H, et al. Polyacrylamide + Al_2 $(SO_4)_3$, and polyacryl-amide + CaO remove coliform bacteria and nutrients from swine wastewater [J]. Environmental Pollution, 2003, 121 (3): 453 – 462.

[59] Fuentes M, Olaetxea M, Baigorri R, et al. Main binding sites involved in Fe (Ⅲ) and Cu (Ⅱ) complexation in humic – based structures [J]. Journal of Geochemical Exploration, 2013, 129: 14 – 17.

[60] Gan N, Xiao Y, Zhu L, et al. The role of microcystins in maintaining colonies of bloom – forming *Microcystis* spp. [J]. Environmental Microbiology, 2012, 14 (3): 730 – 742.

[61] Gao B, Wang X R, Zhao J C et al. Sorption and cosorption of organic contaminant on surfactant – modified soils [J]. Chemosphere, 2001, 43 (8): 1095 – 1102.

[62] Gijsbertsen – Abrahamse A J, Schmidt W, Chorus I et al. Removal of cyanotoxins by ultrafiltration and nanofiltration [J]. Journal of Membrane Science, 2006, 276 (1 – 2): 252 – 259.

[63] Grutzmacher G, Wessel G, Klitzke S et al. Microcystin elimination during sediment contact [J]. Environmental Science & Technology, 2010, 44 (2): 657 – 662.

[64] Hadjoudja S, Deluchat V, Baudu M. Cell surface characterisation of *Microcystis aeruginosa* and *Chlorella vulgaris* [J]. Journal of Colloid and Interface Science, 2011, 342 (2): 293 – 299.

[65] Han C, Pelaez M, Likodimos V, et al. Innovative visible light – activated sulfur doped TiO_2 films for water treatment [J]. Applied Catalysis B – Environmental, 2011, 107 (1 – 2): 77 – 87.

[66] Harada K, Matsuura K, Suzuki M, et al. Isolation and characterization of the minor components associated with microcystins lr and rr in the cyanobacterium (blue – green – al-gae) [J]. Toxicon, 1990, 28 (1): 55 – 64.

[67] Hochachka P W, Guppy M. Suspended Animation (Travelers and Their Fate: Metabolic Arrest and the Control of Biological Time) [J]. Harvard University Press, 1987, 39 (2): 113 – 130.

[68] Hong S K, Elimelech M. Chemical and physical aspects of natural organic matter (NOM) fouling of nanofiltration membranes [J]. Journal of Membrane Science, 1997, 132 (2): 159 – 181.

[69] Humble A V, Gadd G M, Codd G A. Binding of copper and zinc to three cyanobacte-rial microcystins quantified by differential pulse polarography [J]. Water Research, 1997, 31 (7): 1679 – 1686.

[70] Hyde E G, Carmichael W W. Anatoxin – a (s), a naturally – occurring organophos-phate, is an irreversible active site – directed inhibitor of acetylcholinesterase [J].

Journal of Biochemical Toxicology, 1991, 6 (3): 195 – 201.

[71] Klein A R, Baldwin D S, Silvester E. Proton and iron binding by the cyanobacterial toxin microcystin – LR [J]. Environmental Science & Technology, 2013, 47 (10): 5178 – 5184.

[72] Lambert T W, Holmes C F B, Hrudey S E. Adsorption of microcystin – LR by activated carbon and removal in full scale water treatment [J]. Water Research, 1996, 30 (6): 1411 – 1422.

[73] Lawton L A, Robertson P K J, Cornish B, et al. Processes influencing surface interaction and photocatalytic destruction of microcystins on titanium dioxide photocatalysts [J]. Journal of Catalysis, 2003, 213 (1): 109 – 113.

[74] Lee J, Walker H W. Effect of process variables and natural organic matter on removal of microcystin – LR by PAC – UF [J]. Environmental Science & Technology, 2006, 40 (23): 7336 – 7342.

[75] Lee J, Walker H W. Mechanisms and factors influencing the removal of microcystin – LR by ultrafiltration membranes [J]. Journal of Membrane Science, 2008, 320 (1 – 2): 240 – 247.

[76] Lei L M, Wu Y S, Gan N Q et al. An ELISA – like time – resolved fluorescence immunoassay for microcystin detection [J]. Clinica Chimica Acta, 2004, 348 (1 – 2): 177 –180.

[77] Lian L, Cao X, Wu Y, et al. A green synthesis of magnetic bentonite material and its application for removal of microcystin – LR in water [J]. Applied Surface Science, 2014, 289: 245 – 251.

[78] Lionel Ho D H, Christopher P Saint, Gayle Newcombe. Isolation and identification of a novel microcystin – degrading bacterium from a biological sand filter [J]. Water Research, 2007, 41: 4685 – 4695.

[79] Llamas A, Ullrich C I, Sanz A. Cd^{2+} effects on transmembrane electrical potential difference, respiration and membrane permeability of rice (*Oryza sativa L*) roots [J]. Plant and soil, 2000, 219 (1 – 2): 21 – 28.

[80] Mischke U. Cyanobacteria associations in shallow polytrophic lakes: influence of environmental factors [J]. Acta Oecologica, 2003, 24: S11 – S23.

[81] Mohamed Z A, El – Sharouny H M, Ali W S. Microcystin concentrations in the nile river sediments and removal of Microcystin – LR by sediments during batch experiments [J]. Archives of Environmental Contamination and Toxicology, 2007, 52 (4): 489 – 495.

[82] Neumann U, Weckesser J. Elimination of microcystin peptide toxins from water by reverse osmosis [J]. Environmental Toxicology and Water Quality, 1998, 13 (2): 143 – 148.

[83] Nybom S M K, Salminen S J, Meriluoto J A O. Specific strains of probiotic bacteria are efficient in removal of several different cyanobacterial toxins from solution [J]. Toxicon, 2008, 52 (2): 214 – 220.

[84] Pan G, Zou H, Chen H, et al. Removal of harmful cyanobacterial blooms in Taihu Lake using local soils—Ⅲ. Factors affecting the removal efficiency and an in situ field

experiment using chitosan – modified local soils [J]. Environmental Pollution，2006，141 (2)：206 – 212.

[85] Pan G，Dai L，Li L，et al. Reducing the recruitment of sedimented algae and nutrient release into the overlying water using modified soil/sand flocculation – capping in eutrophic lakes [J]. Environmental Science & Technology，2012，46 (9)：5077 – 5084.

[86] Pan G，Zhang M M，Chen H，et al. Removal of cyanobacterial blooms in Taihu Lake using local soils— Ⅰ. Equilibrium and kinetic screening on the flocculation of *Microcystis aeruginosa* using commercially available clays and minerals [J]. Environmental Pollution，2006，141 (2)：195 – 200.

[87] Pendleton P，Schumann R，Wong S H. Microcystin – LR adsorption by activated carbon [J]. Journal of Colloid and Interface Science，2001，240 (1)：1 – 8.

[88] Rapala J，Sivonen K. Assessment of environmental conditions that favor hepatotoxic and neurotoxic *Anabaena* spp. strains cultured under light limitation at different temperatures [J]. Microbial Ecology，1998，36 (2)：181 – 192.

[89] Rezania S，Ponraj M，Talaiekhozani A，et al. Perspectives of phytoremediation using water hyacinth for removal of heavy metals，organic and inorganic pollutants in wastewater [J]. Journal of Environmental Management，2015，163：125 – 133.

[90] Rodriguez E M，Acero J L，Spoof L，et al. Oxidation of MC – LR and – RR with chlorine and potassium permanganate：Toxicity of the reaction products [J]. Water Research，2008，42 (6 – 7)：1744 – 1752.

[91] Sanchez – Viveros G，Gonzalez – Mendoza D，Alarcon A，et al. Copper effects on photosynthetic activity and membrane leakage of *Azolla filiculoides* and *A. caroliniana* [J]. International Journal of Agriculture and Biology，2010，12 (3)：365 – 368.

[92] Sathishkumar M，Pavagadhi S，Vijayaraghavan K，et al. Experimental studies on removal of microcystin – LR by peat [J]. Journal of Hazardous Materials，2010，184 (1 – 3)：417 – 424.

[93] Sevilla E，Martin L B，Vela L，et al. Iron availability affects mcyD expression and microcystin – LR synthesis in *Microcystis aeruginosa* PCC7806 [J]. Environmental Microbiology，2010，10 (10)：2476 – 2483.

[94] Sharmasarkar S，Jaynes W F，Vance G F. BTEX sorption by montmorillonite organo – clays：TMPA，Adam，HDTMA [J]. Water Air and Soil Pollution，2000，119 (1 – 4)：257 – 273.

[95] Song L R，Chen W，Peng L，et al. Distribution and bioaccumulation of microcystins in water columns：A systematic investigation into the environmental fate and the risks associated with microcystins in Meiliang Bay，Lake Taihu [J]. Water Research，2007，41 (13)：2853 – 2864.

[96] Su Y，Liu H，Yang J. Metals and metalloids in the water – bloom – forming cyanobacteria and ambient water from Nanquan coast of Taihu Lake，China [J]. Bulletin of Environmental Contamination and Toxicology，2012，89 (2)：439 – 443.

[97] Sun Y X，Xiao W，Cheng S X，et al. Synthesis of (Dex – HMDI) – g – PEIs as effective and low cytotoxicnonviral gene vectors [J]. Journal of Controlled Release，2008，128 (2)：171 – 178.

[98] Tao Y, Yuan Z, Wei M, et al. Characterization of heavy metals in water and sediments in Taihu Lake, China [J]. Environmental monitoring and assessment, 2012, 184 (7): 4367 - 4382.

[99] Tsuji K, Masui H, Uemura H, et al. Analysis of microcystins in sediments using MMPB method [J]. Toxicon, 2001, 39 (5): 687 - 692.

[100] Tsuji K, Naito S, Kondo F, et al. Stability of microcystins from cyanobacteria - effect of light on decomposition and isomerization [J]. Environmental Science & Technology, 1994, 28 (1): 173 - 177.

[101] Tsuji K, Watanuki T, Kondo F, et al. Stability of microcystins from cyanobacteria— Ⅳ. Effect of chlorination on decomposition [J]. Toxicon, 1997, 35 (7): 1033 - 1041.

[102] Wang D S, Liu H L, Yan M Q, et al. Enhanced coagulation VS. optimized coagulation: a critical review [J]. Acta Scientiae Circumstantiae, 2006, 26 (4): 544 - 551.

[103] Wang N X, Zhang X Y, Wu J, et al. Effects of microcystin - LR on the metal bioaccumulation and toxicity in *Chlamydomonas reinhardtii* [J]. Water research, 2012, 46 (2): 369 - 377.

[104] Wei H, Zhang X Z, Cheng H, et al. Self - assembled thermo - and pH - responsive micelles of poly (10 - undecenoic acid - b - N - isopropylacrylamide) for drug delivery [J]. Journal of Controlled Release, 2006, 116 (3): 266 - 274.

[105] Welker M, Steinberg C. Indirect photolysis of cyanotoxins: One possible mechanism for their low persistence [J]. Water Research, 1999, 33 (5): 1159 - 1164.

[106] Welker M, Steinberg C. Rates of humic substance photosensitized degradation of microcystin - LR in natural waters [J]. Environmental Science & Technology, 2000, 34 (16): 3415 - 3419.

[107] Westrick J A, Szlag D C, Southwell B J et al. A review of cyanobacteria and cyanotoxins removal/inactivation in drinking water treatment [J]. Analytical and Bioanalytical Chemistry, 2010, 397 (5): 1705 - 1714.

[108] Huang W J, Cheng B L, Cheng Y L. Adsorption of microcystin - LR by three types of activated carbon [J]. Journal of Hazardous Materials, 2007, 141 (1): 115 - 122.

[109] Xu H, Zhu G, Qin B, et al. Growth response of *Microcystis* spp. to iron enrichment in different regions of Lake Taihu, China [J]. Hydrobiologia, 2013, 700 (1): 187 - 202.

[110] Yan F, Ozsoz M, Sadik O A. Electrochemical and conformational studies of microcystin - LR [J]. Analytica Chimica Acta, 2000, 409 (1 - 2): 247 - 255.

[111] Yang J, Chen D X, Deng A P, et al. Visible - light - drivenphotocatalytic degradation of microcystin - LR by Bi doped TiO_2 [J]. Research on Chemical Intermediates, 2011, 37 (1): 47 - 60.

[112] Zegura B, Gajski G, Straser A, et al. Cylindrospermopsin induced DNA damage and alteration in the expression of genes involved in the response to DNA damage, apoptosis and oxidative stress [J]. Toxicon, 2011, 58 (6 - 7): 471 - 479.

[113] Zhang X Z, Zhuo R X. Synthesis and characterization of a novel thermosensitive gel with fast response [J]. Colloid and Polymer Science, 1999, 277 (11): 1079 - 1082.

[114] Zhang X Z, Yang Y Y, Wang F J, et al. Thermosensitive poly (N - isopropylacryl-

amide - co - acrylic acid) hydrogels with expanded network structures and improved oscillating swelling - deswelling properties [J]. Langmuir, 2002, 18 (6): 2013 - 2018.

[115]　Zheng J C, Liu H Q, Feng H M, et al. Competitive sorption of heavy metals by water hyacinth roots [J]. Environmental Pollution, 2016, 219: 837 - 845.